SPEIT
中法卓越工程师培养工程

流体力学基础
（法文版）

上海交通大学巴黎卓越工程师学院 组编

【法】马 诺
（Arnaud MARTIN）
施奇伟 主编
【法】马雅科
（Jean Aristide CAVAILLÈS）

U0363274

Fondements de la mécanique des fluides

上海交通大学出版社
SHANGHAI JIAO TONG UNIVERSITY PRESS

内容提要

本书为"中法卓越工程师培养工程"系列教材之一。全书主要内容为流体力学的基础理论和经典模型,包括流体运动学、理想流体动力学和实际流体动力学等,书中每章都配有习题供读者参阅和练习,方便读者学习和理解相关知识。

本书可作为具有一定法语和物理基础的理工科学生的流体力学课程教学用书,也可供相关教学人员阅读参考。

图书在版编目(CIP)数据

流体力学基础: 法文 / (法) 马诺, 施奇伟, (法)
马雅科主编. —上海: 上海交通大学出版社, 2022.11
中法卓越工程师培养工程
ISBN 978 - 7 - 313 - 26784 - 9

Ⅰ. ①流…　Ⅱ. ①马…　②施…　③马…　Ⅲ. ①流体力
学-高等学校-教材-法文　Ⅳ. ①O35

中国版本图书馆 CIP 数据核字 (2022) 第 083391 号

流体力学基础(法文版)
LIUTI LIXUE JICHU (FAWEN BAN)

主　　编: [法] 马诺　施奇伟　[法] 马雅科
出版发行: 上海交通大学出版社
邮政编码: 200030　　　　　　　　　　地　　址: 上海市番禺路 951 号
印　　制: 上海万卷印刷股份有限公司　　电　　话: 021 - 64071208
开　　本: 710 mm×1000 mm　1/16　　经　　销: 全国新华书店
字　　数: 290 千字　　　　　　　　　　印　　张: 11.5
版　　次: 2022 年 11 月第 1 版　　　　印　　次: 2022 年 11 月第 1 次印刷
书　　号: ISBN 978 - 7 - 313 - 26784 - 9
定　　价: 58.00 元

序 言

上海交大—巴黎高科卓越工程师学院（以下简称交大巴黎高科学院）创立于 2012 年，由上海交通大学与法国巴黎高科工程师集团（以下简称巴黎高科集团）为响应教育部提出的"卓越工程师教育培养计划"而合作创办的，旨在借鉴法国高等工程师学校的教育体系和先进理念，致力于培养符合当代社会发展需要的高水平工程师人才。法国高等工程师教育属于精英教育体系，具有规模小、专业化程度高、重视实习实践等特色。法国工程师学校实行多次严格的选拔，筛选优秀高中毕业生通过 2 年预科基础阶段进入工程师学校就读。此类学校通过教学紧密结合实际的全方位培养模式，使其毕业生具备精良的工程技术能力，优秀的实践、管理能力与宽广的国际视野、强烈的创新意识，为社会输送了大批实用型、专家型的人才，包括许多国家领导人、学者、企业高层管理人员。巴黎高科集团汇集了全法最富声誉的 12 所工程师学校。上海交通大学是我国历史最悠久、享誉海内外的高等学府之一，经过 120 余年的不断历练开拓，已然成为集"综合性、研究性、国际化"于一体的国内一流、国际知名大学。此次与巴黎高科集团强强联手，创立了独特的"预科基础阶段 ＋ 工程师阶段"人才培养计划，交大巴黎高科学院学制为"4 年本科 ＋ 2.5 年硕士研究生"。其中最初三年的"预科基础阶段"不分专业，课程以数学、计算机和物理、化学为主，目的是让学生具备扎实的数理化基础，构建全面完整的知识体系，具备独立思考和解决问题的实践能力等。预科基础教育阶段对于学生而言，是随后工程师专业阶段乃至日后整个职业生涯的基础，其重要性显而易见。

交大巴黎高科学院引进法国工程师预科教育阶段的大平台教学制度，即在基础教育阶段不分专业，强调打下坚实的数理基础。首先，学院注重系统性的学习，每周设有与理论课配套的习题课、实验课，加强知识巩固和实践。再者，学院注重跨学科及理论在现实生活中的应用。所有课程均由同一位教师或一个教学团队连贯地完成，这为实现跨学科教育奠定了关键性的基础。一些重要的数理课程会周期性地循环出现，且难度逐渐上升，帮助学生数往知来并学会触类旁通、举一反三。最后，学院注重系统性的考核方式，定期有口试、家庭作业和阶段考试，以便时时掌握学生的学习情况。

　　交大巴黎高科学院创办至今，已有将近 8 个年头，预科基础阶段也已经过 9 届学生的不断探索实践。学院积累了一定的教育培养经验，归纳、沉淀、推广这些办学经验都适逢其时。因此交大巴黎高科学院与上海交通大学出版社联合策划出版"中法卓越工程师培养工程"系列图书。

刘增路

2020 年 9 月于

上海交通大学

Table des matières

Chapitre 1

CINÉMATIQUE DES FLUIDES

1.1 ÉCOULEMENT D'UN FLUIDE

1.1.1 Le fluide comme milieu continu

Dans cette partie, nous décrivons un milieu matériel considéré comme continu. Dans la suite de ce chapitre, ce milieu matériel est un fluide.

1.1.1.1 Libre parcours moyen

Rappelons qu'un fluide est caractérisé :

- à l'échelle microscopique, par des mouvements aléatoires associés à l'agitation thermique ;

- à l'échelle macroscopique, par un mouvement d'ensemble dans un référentiel donné.

À l'échelle microscopique, la distance caractéristique est le **libre parcours moyen** ℓ. Le libre parcours moyen est la distance moyenne parcourue par une particule (telle qu'un atome, une molécule) se déplaçant entre deux chocs successifs avec d'autres particules. Après chaque collision, la direction et l'énergie de la particule sont modifiées.

À l'échelle macroscopique, la distance caractéristique L_{macro} est la plus grande des distances caractéristiques de variation spatiale de la température T, de la pression P, et des diverses densités volumiques, par exemple v le volume massique, u la densité volumique d'énergie interne, h la densité volumique d'enthalpie, s la densité volumique d'entropie, ...

En général, on peut définir une échelle intermédiaire appelée **échelle mésoscopique**, dont la dimension caractéristique $L_{\text{méso}}$ est telle que :

$$\ell \ll L_{\text{méso}} \ll L_{\text{macro}}. \tag{1.1}$$

On peut définir le nombre de Knudsen Kn par :

$$\text{Kn} = \frac{\ell}{L} \tag{1.2}$$

où ℓ est le libre parcours moyen, et L est une longueur caractéristique du problème étudié. Le nombre de Knudsen est un nombre adimensionnel. La longueur L est définie par rapport au système et au problème étudié. On peut la définir par :

$$L = \frac{|X|}{\|\overrightarrow{\text{grad}} X\|} \tag{1.3}$$

où X est la grandeur qui intervient dans le problème étudié : température, pression, ... La longueur L peut en général être estimée en ordres de grandeur. Par exemple dans un milieu poreux, L est la taille des pores. Par exemple dans un écoulement, L est le rayon de courbure de la paroi de l'obstacle situé dans l'écoulement.

On considère que le milieu est :

— entièrement continu si $\text{Kn} < 10^{-3}$;

— localement raréfié si $10^{-3} < \text{Kn} < 10^{-1}$. Dans ce cas l'écoulement n'est pas continu au voisinage d'une paroi. Ce voisinage, d'épaisseur égale à quelques libres parcours moyen ℓ, est appelée **couche de Knudsen**.

Nous considérerons qu'un milieu est continu si on l'étudie à une échelle mésoscopique, en dehors de la couche de Knudsen.

Notons N le nombre de particules contenues dans un système de taille mésoscopique. La condition $\ell \ll L_{\text{méso}}$ suppose que les fluctuations de N sont très petites devant N. Le nombre N de molécules contenues dans la boîte mésoscopique de volume d^3 doit être suffisamment grand. Les fluctuations de N sont suffisamment faibles pour que la notion de moyenne ait un sens. À la température 20 °C, ou 293 K, et sous une pression de 1 bar ou 10^5 Pa, le libre parcours moyen d'un gaz est de l'ordre de 100 nm. Dans les mêmes conditions pour un liquide, le libre parcours moyen est de l'ordre de 1 nm.

$$\ell(\text{gaz}) \simeq 100 \text{ nm} \quad ; \quad \ell(\text{liquide}) \simeq 1 \text{ nm}.$$

Nous allons imaginer, en chaque point M du fluide étudié, à un instant donné t, une boîte mésoscopique de centre M et de volume noté $\text{d}\tau(M)$. Cette particule est suffisamment petite par rapport à L_{macro}, et suffisamment grande pour que le nombre de particules qu'elle contient soit grand, et que la notion de moyenne ait un sens.

Remarque   Dans un gaz à l'équilibre à la température T et sous la pression P, on observe que le libre parcours moyen est proportionnel au rapport $\dfrac{T}{P}$.

1.1.1.2 Particule de fluide

On appelle particule de fluide, un système fermé, de dimensions mésoscopiques, contenant seulement le fluide considéré. À l'échelle macroscopique, les particules fluides apparaissent comme des points matériels. Dans un référentiel d'étude donné, chaque particule fluide est repérée par un vecteur position $\vec{r}$. Un exemple de particule de fluide et $\vec{r}$ est donné en Figure 1.1.

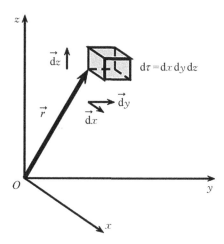

FIGURE 1.1   Le fluide occupe une partie de l'espace repérée par un système de coordonnées cartésiennes $Oxyz$. Au point M de position $\vec{r} = \vec{OM}$, on considère une particule fluide de volume $d\tau$. La forme de cette particule, à l'instant considéré, est facile à décrire dans le système de coordonnées choisi. Par la suite, si le fluide est en écoulement, cette particule se déplace, son orientation change, et sa forme change.

Pour décrire les propriétés du fluide qui évolue dans le temps, on définit alors des **champs scalaires**, qui sont donc des fonctions de la position $\vec{r}$ et du temps t. C'est le cas par exemple des champs de pression $P(\vec{r}, t)$, de température $T(\vec{r}, t)$, de masse volumique $\rho(\vec{r}, t)$.

1.1.2 Points de vue sur l'écoulement

Deux points de vue sont possibles, dits respectivement lagrangien et eulérien, pour décrire le mouvement d'un fluide.

Dans le point de vue lagrangien, on suit le mouvement d'une particule fluide donnée au cours de son déplacement dans le temps.

Dans le point de vue eulérien, on considère l'ensemble du fluide et on étudie l'évolution au cours du temps des différents champs (pression, température, volume massique, vitesse, ...).

1.1.2.1 Description lagrangienne et ses limites

On suit, au cours du temps, le mouvement d'une particule fluide donnée dans le référentiel d'étude choisi. C'est la description la plus proche de celle qui est utilisée en mécanique du point. On écrit alors à chaque instant, le vecteur position $\vec{r}$, le vecteur vitesse $\vec{v}$, le vecteur accélération $\vec{a}$ de la particule.

La description lagrangienne est peu adaptée au cas d'un écoulement permanent dans un tuyau ouvert, par exemple, puisque les particules présentes dans le tuyau changent constamment. De plus, à cause de la diffusion particulaire, sur des échelles de temps assez longues, les particules fluides ne gardent pas leur individualité. Il est alors difficile de définir leur trajectoire.

1.1.2.2 Description eulérienne

En un point M donné du fluide, on étudie l'évolution de la vitesse $\vec{v}(M,t)$ au cours du temps. Ce vecteur représente la vitesse de la particule fluide qui, à t donné, passe au point M repéré par le vecteur position $\vec{r}$. En un point M donné du fluide, passent en permanence des particules fluides différentes. La description eulérienne, utilisée aussi en électromagnétisme, ou pour l'étude des phénomènes de diffusion, est bien adaptée à l'étude des systèmes ouverts.

Attention   Dans la description eulérienne, $\vec{r}$ et t sont des variables indépendantes. La notation $\vec{r}(t)$ n'a donc aucun sens !

La notion de régime permanent pour un écoulement, est définie dans le point de vue eulérien.

> Dans un référentiel donné, l'écoulement est **stationnaire** (on dit aussi **permanent**) si tous les champs ($\vec{v}$, T, P, ...) sont indépendants du temps.

Dans ce cas, le champ de vitesse dépend seulement de la position.

Remarque 1   Le caractère stationnaire d'un écoulement dépend du référentiel. Par exemple, le sillage d'un bateau vu du bateau est permanent mais il ne l'est pas vu de la rive.

Remarque 2   Pour un écoulement permanent, le champ lagrangien de vitesse dépend en général du temps puisque, dans cette description, $\vec{r}$ est une fonction du temps et la vitesse $\vec{v}$ est définie par : $\vec{v}(t) = \dfrac{\mathrm{d}\vec{r}}{\mathrm{d}t}$.

1.1.3 Visualisation d'un écoulement

1.1.3.1 Trajectoire

Dans la description lagrangienne, une ligne formée par les positions successives d'une particule fluide au cours du temps est appelée **trajectoire**. Les positions successives sont définies par les vecteurs positions $\vec{r}(t)$. Supposons que le champ de vitesse $\vec{v}$ est connu à tout instant t. Les trajectoires vérifient l'équation différentielle :

$$\frac{\mathrm{d}\overrightarrow{OM}}{\mathrm{d}t} = \vec{v}(M,t)\,,$$

équation différentielle où l'inconnue est $\overrightarrow{OM}$, et qu'il faut intégrer par rapport à t. Il faut également ajouter une condition initiale : à un instant pris comme instant initial t_0, la particule se trouve en une position M_0 connue.

Pour visualiser une trajectoire, on injecte le traceur en un point M_0 donné, à un instant t_0 donné, et on suit l'évolution de la particule ainsi marquée.

1.1.3.2 Ligne de courant

Dans la description eulérienne, une ligne de champ est une ligne tangente en chaque point au vecteur du champ vectoriel étudié à l'instant considéré. Une ligne de champ est définie à un instant t donné. Une ligne de champ de vitesse $\vec{v}(M,t)$ s'appelle **ligne de courant**. À un instant donné t, en un point donné M, la trajectoire de la particule qui se trouve en M à t, est tangente à la ligne de courant à l'instant t qui passe par M, comme montré en Figure 1.2. Supposons que, à l'instant t, le champ de vitesse $\vec{v}(M)$ est connu. Les lignes de courant à cet instant vérifient l'équation différentielle suivante :

$$\vec{v}(M) \wedge \mathrm{d}\vec{\ell}(M) = \vec{0}.$$

En intégrant cette équation différentielle, on obtient les équations des lignes de courant. En indiquant un point, on obtient l'équation de la ligne de courant qui passe par ce point.

Remarque Les lignes de courant du champ $\dfrac{\vec{v}}{v}$, avec $v = ||\vec{v}||$ la norme de la vitesse, sont identiques à celles du champ $\vec{v}$.

La figure 1.2 montre les lignes de champ d'un écoulement où la vitesse a une expression analytique simple.

Pour visualiser une ligne de courant, on injecte le traceur à t_0 donné, en plusieurs endroits du fluide, et on prend des photos à des instants différents, proches les uns des autres.

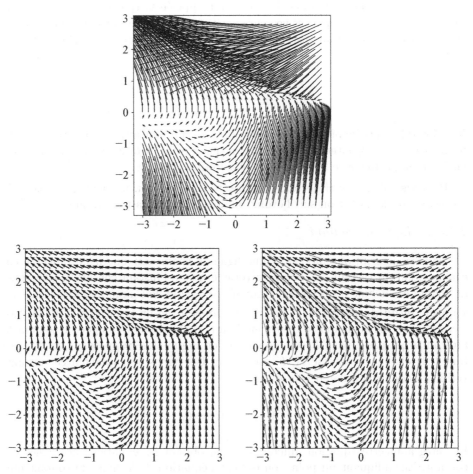

FIGURE 1.2   Champ de vitesse d'un fluide en écoulement à deux dimensions, à un instant donné. Les flèches représentent la direction de l'écoulement au point où elles ont leur origine. Les courbes pleines sont des lignes de courant. L'écoulement a pour expression analytique de la forme : $\vec{v} = v_x \vec{e}_x + v_y \vec{e}_y$ avec $v_x = v_0 \left(1 - e^{y/a} \right)$ et $v_y = v_0 \left(1 - \dfrac{xy}{a^2} \right)$ avec $a = 1$ m et $v_0 = 1$ m·s^{-1} des constantes. L'axe horizontal est l'axe des x. L'axe vertical est l'axe des y. Les deux axes sont gradués en mètres. Figure du haut : le champ de vitesse. Figure du bas à gauche : le champ de vitesse normalisée $\dfrac{\vec{v}}{v}$. Figure du bas à droite : le champ de vitesse normalisée avec des lignes de courant.

1.1.3.3 Ligne d'émission

Définissons maintenant une **ligne d'émission**. Imaginons l'expérience suivante : à un endroit M_0 dans le fluide, on lâche une substance qui permet de visualiser la particule fluide qui est en M_0 à cet instant. Cette substance (fumée, colorant liquide, particules de densité proche de celle du fluide ...) est appelée **traceur**.

On commence à lâcher le traceur à partir de l'instant t_0. À l'instant $t > t_0$, la particule qui était en M_0 à t' (avec $t > t' > t_0$) se trouve dans la position $M(t,t')$. La ligne d'émission à l'instant t est, par définition, le lieu des positions $M(t,t')$ quand t' décrit l'intervalle $[t_0,t]$. Les lignes d'émission ont pour équation paramétrique :

$$\overrightarrow{OM}(t,t') = \overrightarrow{OM_0} + \int_{t'}^{t} \vec{v}(P(t''),t'')\mathrm{d}t'' \tag{1.4}$$

où le paramètre t' varie entre t_0 et t. Le point $P(t'')$ est la position à l'instant t'' de la particule passée en M_0 à l'instant t'. À t donné, la trajectoire suivie par cette particule entre t' et t dépend en général de t'. Dans le cas particulier où l'écoulement est permanent, elle n'en dépend pas : les particules qui passent par M_0 à des instants différents, suivent la même trajectoire.

Pour visualiser une ligne d'émission, on injecte le traceur continûment en amont de l'écoulement. Un example est fourni en Figure 1.3.

Activité 1-1 : Considérons le champ de vitesse uniforme suivant, avec ω une pulsation et v_0 une vitesse linéaire positive.

$$\vec{v}(t) \begin{vmatrix} v_x = v_0 \cos(\omega t) \\ v_y = v_0 \sin(\omega t) \\ v_z = 0 \end{vmatrix} \tag{1.5}$$

Déterminer les équations des trajectoires, des lignes de courant et des lignes d'émission.

Dans le cas où le champ de vitesse est uniforme, la ligne d'émission à un instant $t > t_0$ est obtenue facilement à partir de la trajectoire de la particule fluide qui passe par M_0 à l'instant t_0. Notons T cette trajectoire. T est le lieu des positions $M(t')$ de la trajectoire pour les différents instants t' entre t_0 et t. Notons E la ligne d'émission à un instant t donné. On a le résultat suivant : E est le lieu des points $M_0 + \overrightarrow{M(t')M(t)}$ pour les différents instants t' entre t_0 et t.

Activité 1-2 : Montrer ce résultat.

FIGURE 1.3   Au-dessus : Visualisation en soufflerie d'un écoulement d'air, le long d'une voiture. Les traceurs sont des particules d'eau en suspension. On observe une ligne d'émission. En dessous : Visualisation en soufflerie d'un écoulement d'air de faible vitesse, le long d'une maquette en forme d'aile inclinée. Les traceurs sont des particules d'eau en suspension (« brouillard »). La maquette est fixe, le fluide est envoyé depuis la gauche vers la droite. Les lignes ainsi visualisées sont les lignes d'émission.

1.1.3.4   Cas du régime permanent

Dans le cas général, ligne de courant, trajectoire et ligne d'émission sont distinctes.

> En régime permanent, ligne de courant, trajectoire et ligne d'émission sont confondues.

Ce résultat est évident pour ce qui concerne la trajectoire et la ligne d'émission : si le régime est permanent, les particules fluides qui se succèdent en M_0, suivent toutes la même trajectoire. Cette trajectoire est donc aussi la ligne d'émission.

1.1.3.5   Exemples

Prenons un exemple. On considère un écoulement à deux dimensions. Le champ de vitesse, en tout point M du fluide repéré dans le repère cartésien $(O, \vec{e_x}, \vec{e_y}, \vec{e_z})$, s'écrit :

$$\vec{v}(x, y, z, t) \begin{vmatrix} v_x = 2x \\ v_y = -2y \\ v_z = 0 \end{vmatrix} \tag{1.6}$$

La description est donc eulérienne.

Activité 1-3 :

1. L'écoulement est-il permanent ?

2. Déterminer l'équation des lignes de courant.

Prenons un autre exemple. L'écoulement est bidimensionnel. L'espace est repéré par un repère cartésien $(O, \vec{e_x}, \vec{e_y},)$. Pour une position quelconque dans l'écoulement (a, b), une particule fluide située initialement $(t = 0)$ au point (a, b) a pour vitesse, à l'instant t :

$$\vec{v}(t) \begin{vmatrix} v_x = kae^{kt} \\ v_y = -kbe^{-kt} \end{vmatrix} \tag{1.7}$$

Activité 1-4 : Exprimer le champ de vitesse dans le fluide. L'écoulement est-il permanent ?

Dans le cas du régime permanent, ligne de courant, trajectoire et lignes d'émission sont confondues. En régime variable, elles sont en général disjointes. Prenons l'exemple du champ de vitesse de la houle.

En haute mer, pour décrire l'écoulement de l'eau en surface et à faible profondeur, on peut négliger les effets dus à la profondeur finie de la mer. On considère que le champ de vitesse est de la forme :

$$\vec{v}(x, y, z, t) \begin{vmatrix} v_x = a\omega e^{kz} \cos(\omega t - kx) \\ v_y = 0 \\ v_z = -a\omega e^{kz} \sin(\omega t - kx) \end{vmatrix} \tag{1.8}$$

avec a, ω et k des constantes positives. Cette description est eulérienne. Le champ de vitesse dépend du temps, donc l'écoulement n'est pas permanent. On peut définir une période temporelle $T = \dfrac{2\pi}{\omega}$, une période spatiale $\lambda = \dfrac{2\pi}{k}$ et une célérité $c = \lambda T$. En ordre de grandeur, on a λ de l'ordre de 1 km et $c = 5$ m·s^{-1}, soit une période $T = 5$ ms.

Activité 1-5 :

1. Donner l'équation des lignes de courant.

2. Donner, pour tout instant t, l'équation de la surface libre $\xi(x, t)$.

Pour avoir une idée des lignes de courant, on choisit une date t_0, et on représente (figure 1.4) les lignes de courant dans le système de coordonnées $(kx - \omega t_0, z)$.

Dans le même système de coordonnées, on représente la surface libre.

Activité 1-6 : Donner l'équation des trajectoires des particules fluides. Comparer

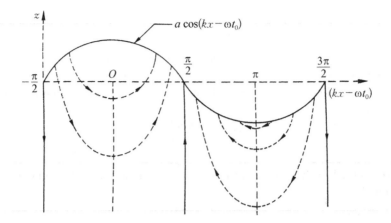

FIGURE 1.4   Lignes de courant dans le cas d'une houle bidimensionnelle, dans le système de coordonnées $(kx - \omega t_0, z)$. La surface libre $\xi(kx - \omega t_0)$ est représentée en trait plein. Les lignes de courant $z(kx - \omega t_0)$ sont dessinées en traits pointillés. Elles sont orientées en considérant le sens des vecteurs vitesses dans les domaines concernés. Dans le domaine $\left] -\dfrac{\pi}{2}, +\dfrac{\pi}{2} \right[$, les lignes de courant sont orientées dans le sens des $kx - \omega t_0$ croissants. Dans le domaine $\left] +\dfrac{\pi}{2}, +\dfrac{3\pi}{2} \right[$, elles sont orientées dans le sens des $kx - \omega t_0$ décroissants.

avec les lignes de courant.

1.1.4   Dérivée particulaire

On considère une particule fluide que l'on va suivre au cours du temps. Commençons par l'examiner entre deux instants infiniment voisins. Dans le cas général, trois effets apparaissent comme montré en Figure 1.5 : la particule se déplace ; elle se déforme ; son orientation change. À l'instant t, elle est située au point M repéré par le vecteur position $\vec{r}$. À l'instant $t+\mathrm{d}t$, elle est au point M' repéré par le vecteur position $\vec{r'} = \vec{r} + \mathrm{d}\vec{r}$.

1.1.4.1   Dérivée particulaire d'un champ scalaire

Soit $k(M, t)$ un champ scalaire associé à cette particule fluide. On note $k(M', t+\mathrm{d}t)$ le champ scalaire associé à cette particule fluide, située au point M'. On voudrait savoir comment varie le champ scalaire k, associé à la particule fluide, entre les instants t et $t+\mathrm{d}t$. Pour cela, on détermine le taux de variation $\dfrac{k(\vec{r} + \mathrm{d}\vec{r}, t + \mathrm{d}t) - k(\vec{r}, t)}{\mathrm{d}t}$. Lorsque la durée d'observation $\mathrm{d}t$ est la plus faible possible (on dira plus simplement : lorsque $\mathrm{d}t$ tend vers zéro), le taux de variation s'appelle **dérivée particu-**

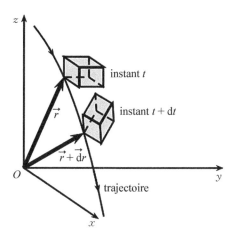

FIGURE 1.5   Une particule de fluide est représentée à deux instants proches t et $t + \mathrm{d}t$.

laire du champ k, et on le note $\dfrac{\mathrm{d}k}{\mathrm{d}t}$:

$$\frac{\mathrm{d}k}{\mathrm{d}t}(\vec{r}, t) = \lim_{\mathrm{d}t \to 0} \frac{k(\vec{r} + \mathrm{d}\vec{r}, t + \mathrm{d}t) - k(\vec{r}, t)}{\mathrm{d}t}. \qquad (1.9)$$

La dérivée particulaire est mesurée par un observateur qui suit la particule fluide au cours de son mouvement, c'est-à-dire dans le point de vue lagrangien.

La dérivée particulaire $\dfrac{\mathrm{d}k}{\mathrm{d}t}$ diffère de la dérivée temporelle $\dfrac{\partial k}{\partial t}$, appelée aussi

dérivée locale. La dérivée locale $\dfrac{\partial k}{\partial t}$ renseigne sur la manière dont varie k au cours du temps en un point donné : la position de la particule est constante. La dérivée particulaire $\dfrac{\mathrm{d}k}{\mathrm{d}t}$ renseigne sur la manière dont varie k lorsque l'on suit la particule fluide au cours de son déplacement : la position de la particule varie en même temps que la variable t.

$$\frac{\partial k}{\partial t}(\vec{r}, t) = \lim_{\mathrm{d}t \to 0} \frac{k(\vec{r}, t + \mathrm{d}t) - k(\vec{r}, t)}{\mathrm{d}t}. \qquad (1.10)$$

Exprimons la dérivée particulaire de k dans le point de vue d'Euler.

Nous considérons que l'espace est repéré par un repère cartésien $(\vec{e}_x, \vec{e}_y, \vec{e}_z)$:

$$k(\vec{r} + \mathrm{d}\vec{r}, t + \mathrm{d}t) - k(\vec{r}, t)$$

$$= k(x + \mathrm{d}x, y + \mathrm{d}y, z + \mathrm{d}z, t + \mathrm{d}t)$$

$$= k(x, y, z, t) + \mathrm{d}k(x, y, z, t) \tag{1.11}$$

$$= k(x, y, z, t) + \frac{\partial k}{\partial x}\mathrm{d}x + \frac{\partial k}{\partial y}\mathrm{d}y + \frac{\partial k}{\partial z}\mathrm{d}z + \frac{\partial k}{\partial t}\mathrm{d}t \tag{1.12}$$

D'où $\dfrac{\mathrm{d}k}{\mathrm{d}t} = \dfrac{\partial k}{\partial x}\dfrac{\mathrm{d}x}{\mathrm{d}t} + \dfrac{\partial k}{\partial y}\dfrac{\mathrm{d}y}{\mathrm{d}t} + \dfrac{\partial k}{\partial z}\dfrac{\mathrm{d}z}{\mathrm{d}t} + \dfrac{\partial k}{\partial t}$ et finalement :

$$\frac{\mathrm{d}k}{\mathrm{d}t} = \frac{\partial k}{\partial t} + (\vec{v} \cdot \overrightarrow{\mathrm{grad}})k \tag{1.13}$$

Cette formule est valable dans tout système de coordonnées.

$(\vec{v} \cdot \overrightarrow{\mathrm{grad}})k$ est la **dérivée convective** de k. La dérivée convective est liée au transport du fluide. Elle est en général non nulle quand la particule de fluide se déplace sur des distances macroscopiques.

Activité 1-7 : Considérons un écoulement caractérisé par un champ de vitesse de la forme

$$\vec{v}(x, y) = v_x(y)\vec{e}_x.$$

Cet écoulement est appelé *écoulement de cisaillement simple*, ou *écoulement de Couette* plan (figure 1.6). On rencontre un tel écoulement, par exemple, quand le fluide est entraîné par le déplacement d'une plaque supérieure, parallèlement à une plaque inférieure qui est elle-même parallèle à la première.

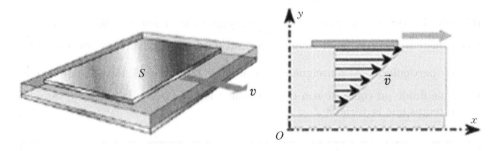

FIGURE 1.6   Cisaillement d'un film de fluide entre deux plaques.

On se place dans le référentiel de la plaque inférieure, et on suppose que le fluide est initialement au repos dans ce référentiel. Dans le fluide existe un champ scalaire de la forme :

$$k(x, y) = k_0 \frac{xy}{a^2}.$$

avec a une distance et k_0 une constante homogène à la grandeur k.
Exprimer la dérivée particulaire du champ k.

1.1.4.2 Dérivée particulaire de la masse volumique

Dans un fluide, un point M donné est repéré par la position $\vec{r}$. Une boîte mésoscopique de volume $\mathrm{d}\tau$, au voisinage de M, contient la masse $\mathrm{d}m$ de fluide. La masse volumique en M est définie comme le rapport de la masse $\mathrm{d}m$ et du volume $\mathrm{d}\tau$:

$$\rho(\vec{r}, t) = \frac{\mathrm{d}m}{\mathrm{d}\tau} \tag{1.14}$$

Au cours de son déplacement, la masse volumique de la particule varie :

$$\frac{\mathrm{d}\rho}{\mathrm{d}t} = \frac{\partial \rho}{\partial t} + (\vec{v} \cdot \overrightarrow{\mathrm{grad}})\rho.$$

1.1.4.3 Écoulement incompressible, fluide incompressible

Un écoulement est incompressible si toute particule de fluide a un volume constant au cours de son déplacement. La particule de fluide est un système fermé, donc de masse constante. Donc l'écoulement est incompressible si la masse volumique du fluide dans la particule reste constante au cours du déplacement de la particule :

Caractérisation de l'écoulement incompressible : $\dfrac{\mathrm{d}\rho}{\mathrm{d}t} = 0$.

Un fluide est incompressible si tout écoulement de ce fluide est incompressible.

Remarque Un fluide compressible peut s'écouler de manière incompressible. Cela est vrai, par exemple, dans la plupart des écoulements de l'air. L'écoulement d'un fluide compressible peut être considéré comme incompressible si sa vitesse d'écoulement $||\vec{v}||$ est petite devant la célérité du son c dans le fluide : $v \ll c$. Nous justifierons cette propriété dans l'étude des fluides parfaits, au chapitre 2.

Rappel : Dans un gaz dans les conditions ordinaires, c est proche de 300 m·s^{-1}. Dans un liquide, c est proche de 1500 m·s^{-1}.

Activité 1-8 : Soit un écoulement à deux dimensions, incompressible et stationnaire. Montrer que les lignes de courant et les lignes iso-masse volumique sont confondues.

1.1.4.4 *Dérivée particulaire d'un champ vectoriel*

Soit $\vec{A}(M,t)$ un champ vectoriel dans l'écoulement de fluide. La **dérivée particulaire** du champ $\vec{A}$, notée $\dfrac{\mathrm{d}\vec{A}}{\mathrm{d}t}$, est définie par :

$$\frac{\mathrm{d}\vec{A}}{\mathrm{d}t}(\vec{r},t) = \lim_{\mathrm{d}t \to 0} \frac{\vec{A}(\vec{r}+\mathrm{d}\vec{r}, t+\mathrm{d}t) - \vec{A}(\vec{r},t)}{\mathrm{d}t}. \qquad (1.15)$$

La dérivée particulaire est mesurée par un observateur qui suit la particule fluide au cours de son mouvement, c'est-à-dire dans le point de vue lagrangien.

Expression de la dérivée particulaire en coordonnées cartésiennes

Nous considérons que l'espace est repéré par un repère cartésien $(\vec{e}_x, \vec{e}_y, \vec{e}_z)$. Le vecteur $\vec{A}$ a pour coordonnées (A_x, A_y, A_z).

$$\frac{\mathrm{d}\vec{A}}{\mathrm{d}t} = \frac{\mathrm{d}A_x}{\mathrm{d}t}\vec{e}_x + \frac{\mathrm{d}A_y}{\mathrm{d}t}\vec{e}_y + \frac{\mathrm{d}A_z}{\mathrm{d}t}\vec{e}_z$$

ou, d'après l'expression de la dérivée particulaire d'un champ scalaire :

$$\frac{\mathrm{d}\vec{A}}{\mathrm{d}t} \begin{vmatrix} \dfrac{\partial A_x}{\partial x}v_x + \dfrac{\partial A_x}{\partial y}v_y + \dfrac{\partial A_x}{\partial z}v_z + \dfrac{\partial A_x}{\partial t} \\[2mm] \dfrac{\partial A_y}{\partial x}v_x + \dfrac{\partial A_y}{\partial y}v_y + \dfrac{\partial A_y}{\partial z}v_z + \dfrac{\partial A_y}{\partial t} \\[2mm] \dfrac{\partial A_z}{\partial x}v_x + \dfrac{\partial A_z}{\partial y}v_y + \dfrac{\partial A_z}{\partial z}v_z + \dfrac{\partial A_z}{\partial t} \end{vmatrix}$$

On peut écrire cette formule d'une manière abrégée :

$$\frac{\mathrm{d}\vec{A}}{\mathrm{d}t} = \frac{\partial \vec{A}}{\partial t} + (\vec{v} \cdot \overrightarrow{\mathrm{grad}})\vec{A}. \qquad (1.16)$$

Attention   cette formule ne peut pas être appliquée dans le cas de coordonnées cylindriques ou sphériques, car les vecteurs de la base changent avec la position de la particule.

Activité 1-9 : Considérons un écoulement de Couette plan caractérisé par un champ de vitesse de la forme

$$\vec{v}(x,y) = v_x(y)\vec{e}_x.$$

Dans le fluide existe un champ vectoriel de la forme :

$$\vec{A}(x,y) = A_0 \frac{xy}{a^2}(\vec{e}_x + \vec{e}_y).$$

Exprimer la dérivée particulaire du champ $\vec{A}$.

Expression de la dérivée particulaire en coordonnées cylindriques

Nous considérons le cas d'un repère cylindrique $(\vec{e}_r, \vec{e}_\theta, \vec{e}_z)$. Le vecteur $\vec{A}$ a pour coordonnées (A_r, A_θ, A_z). Les vecteurs de la base changent avec la position de la particule. Un calcul simple conduit à l'expression suivante :

$$\frac{\mathrm{d}\vec{A}}{\mathrm{d}t} = \frac{\partial \vec{A}}{\partial t} + (\vec{v} \cdot \overrightarrow{\mathrm{grad}})\vec{A} + A_r\dot{\theta}\vec{e}_\theta - A_\theta\dot{\theta}\vec{e}_r \qquad (1.17)$$

Activité 1-10 : Établir cette formule.

Expression de la dérivée particulaire en coordonnées sphériques

Nous considérons le cas d'un repère sphérique $(\vec{e}_r, \vec{e}_\theta, \vec{e}_\varphi)$. Le vecteur $\vec{A}$ a pour coordonnées $(A_r, A_\theta, A_\varphi)$.

Activité 1-11 : Établir l'expression de la dérivée particulaire de $\vec{A}$.

1.1.4.5   Accélération particulaire et vecteur tourbillon

On considère le champ de vitesse $\vec{v}(M,t)$ d'un écoulement. La dérivée particulaire de ce champ représente l'accélération d'une particule fluide située au point M à l'instant t considéré.

Cette grandeur, notée $\vec{a}(M, t)$, est appelée **accélération particulaire** :

$$\vec{a} = \frac{d\vec{v}}{dt}. \tag{1.18}$$

Considérons le résultat d'analyse vectorielle, valable pour un champ de vecteurs $\vec{A}$ suffisamment régulier : $\overrightarrow{\mathrm{grad}}(\frac{A^2}{2}) = (\vec{A} \cdot \overrightarrow{\mathrm{grad}})\vec{A} + \vec{A} \wedge (\overrightarrow{\mathrm{rot}}\vec{A})$. Appliqué au cas du champ de vitesse $\vec{v}$ du fluide, ce résultat conduit à l'identité :

$$\frac{d\vec{v}}{dt} = \frac{\partial\vec{v}}{\partial t} + \overrightarrow{\mathrm{grad}}(\frac{v^2}{2}) + 2\vec{\Omega} \wedge \vec{v} \text{ avec } \vec{\Omega} = \frac{1}{2}\overrightarrow{\mathrm{rot}}\vec{v}. \tag{1.19}$$

Le résultat 1.19 sera utile pour démontrer le théorème de Crocco[1].

Le vecteur $\vec{\Omega} = \frac{1}{2}\overrightarrow{\mathrm{rot}}\vec{v}$ est appelé vecteur tourbillon de l'écoulement.

Remarque Une particule de fluide peut être accélérée dans un écoulement stationnaire. En effet, si l'écoulement est stationnaire, alors la dérivée locale $\frac{\partial\vec{v}}{\partial t}$ est nulle, l'accélération particulaire vaut $\frac{d\vec{v}}{dt} = (\vec{v} \cdot \overrightarrow{\mathrm{grad}})\vec{v} = \overrightarrow{\mathrm{grad}}\left(\frac{v^2}{2}\right) + 2\vec{\Omega} \wedge \vec{v}$, et cette quantité n'est en général pas nulle.

Prenons un premier exemple. Considérons un écoulement de Couette plan caractérisé par un champ de vitesse de la forme $\vec{v}(x, y) = v_x(y)\vec{e}_x$. On se place dans le référentiel de la plaque inférieure, et on suppose que le fluide est initialement au repos dans ce référentiel.

Activité 1-12 :

1. Exprimer l'accélération particulaire d'une particule de fluide.
2. Exprimer la divergence et le rotationnel.

Prenons un deuxième exemple. On considère un écoulement bidimensionnel en régime permanent caractérisé par le champ de vitesse $\vec{v}(M, t)$. Dans un système de coordonnées cartésiennes bien choisi, on a :

$$\vec{v}(M, t) \begin{vmatrix} kx \\ -ky \end{vmatrix}$$

---

1. Théorème qui sera établi en année 5, dans le cours consacré à l'aérodynamique compressible.

avec k une constante positive.

Activité 1-13 :

1. Établir les équations des trajectoires et des lignes de courant.

2. Déterminer le vecteur accélération de la particule fluide en utilisant les deux descriptions : eulérienne et lagrangienne.

3. Comparer les deux résultats.

4. Calculer div $\vec{v}$ et $\vec{\Omega} = \frac{1}{2}\overrightarrow{\mathrm{rot}}\vec{v}$. Commenter.

Prenons un dernier exemple. Considérons un type d'écoulement incompressible particulier : un écoulement incompressible dont les lignes de courant sont parallèles à une direction fixe. L'écoulement étant parallèle, on a en reprenant les notations utilisées dans le paragraphe précédent : $\vec{v} = v\vec{e}_x$.

L'écoulement étant incompressible, le champ de vitesse est à divergence nulle et on a alors : $\frac{\partial v}{\partial x} = 0$ c'est-à-dire que la vitesse ne dépend pas de x, direction de l'écoulement.

> Conclusion : Dans un écoulement incompressible dont les lignes de courant sont parallèles à une direction fixe, la vitesse est uniforme le long d'une ligne de courant.

Attention   Cela ne signifie pas que la vitesse est uniforme dans tout l'écoulement. En effet, la valeur de $\vec{v}$ peut varier d'une ligne de courant à une autre.

Remarque   Un tel écoulement est en général rotationnel. Prenons un exemple.

Activité 1-14 : Considérons l'écoulement de champ de vitesse $\vec{v} = \omega z\vec{e}_x$ avec z la coordonnée sur un axe vertical ascendant.
Exprimer le rotationnel de cet écoulement.

1.2   DÉFORMATION ET ROTATION LOCALES

Nous analysons ici la déformation d'une particule de fluide. Cette discussion est nécessaire pour l'évaluation de la force de viscosité exercée par les particules voisines.

1.2.1   Gradient de vitesse au voisinage d'un point

Considérons, à un instant t, une particule de fluide située en un point M et dont la vitesse est $\vec{v}(M,t)$. Dans ce paragraphe, nous considérons les variations de la vitesse dans l'espace à un instant donné, et donc nous noterons cette vitesse simplement $\vec{v}(M)$. Une particule voisine est située au point $M' = M + \mathrm{d}\overrightarrow{OM}$ avec $\overrightarrow{MM'} = \mathrm{d}\overrightarrow{OM}$. Par définition d'un vecteur vitesse élémentaire $\mathrm{d}\vec{v}$, la vitesse en M' est $\vec{v}(M') = \vec{v}(M) + \mathrm{d}\vec{v}$. Nous supposons que $\mathrm{d}\vec{v}$ dépend de $\mathrm{d}\overrightarrow{OM}$ à l'ordre 1, c'est-à-dire qu'il existe une application linéaire sur l'espace des positions (identifiable à $\mathbb{R}^3$) et à valeurs dans l'espace des vitesses (identifiable lui aussi à $\mathbb{R}^3$). Notons $[G]$ cette application linéaire. On a donc, par définition de $[G]$:

$$\mathrm{d}\vec{v} = [G] \cdot \mathrm{d}\overrightarrow{OM} \tag{1.20}$$

L'application linéaire $[G]$ est défini au point M. Pour préciser, en cas d'ambiguïté, on pourra la noter parfois $[G(M)]$. Elle exprime la variation de la vitesse de l'écoulement par rapport à la position M' considérée *au voisinage du point* M. L'unité de $[G]$ est donc s^{-1}.

> En mécanique des fluides, ou plus généralement en mécanique des milieux continus, une application linéaire du type de $[G]$ est appelée *tenseur*.

Le tenseur $[G]$ est appelé **tenseur des gradients de vitesse** de l'écoulement. En général (dimension 3) il peut être représenté par une matrice 3×3. Pour un problème à 2 dimensions, il est représenté par une matrice 2×2. La représentation dépend de la base choisie. En général, nous choisirons des bases orthonormées.

> Le tenseur des gradients de vitesse $[G(M)]$ représente l'approximation linéaire à l'ordre 1 du champ de vitesse localement au niveau du point M considéré.

Si $[G]$ est nul en un point M, cela signifie que, en ce point, les variations locales de la vitesse sont approchées par une fonction non linéaire de $\mathrm{d}\overrightarrow{OM}$.
Le tenseur $[G]$ peut être exprimé dans divers systèmes de coordonnées.

Expression de $[G]$ en coordonnées cartésiennes
On note $(\vec{e}_x, \vec{e}_y, \vec{e}_z)$ la base des coordonnées cartésiennes. La définition de $[G]$ donnée en 1.20 s'écrit :

$$\begin{bmatrix} \mathrm{d}v_x \\ \mathrm{d}v_y \\ \mathrm{d}v_z \end{bmatrix} = \begin{bmatrix} G_{xx} & G_{xy} & G_{xz} \\ G_{yx} & G_{yy} & G_{yz} \\ G_{zx} & G_{zy} & G_{zz} \end{bmatrix} \begin{bmatrix} \mathrm{d}x \\ \mathrm{d}y \\ \mathrm{d}z \end{bmatrix} \tag{1.21}$$

où les coefficients G_{ij} sont définis au point $M(x_1, x_2, x_3)$ par :

$$G_{ij}(x_1, x_2, x_3) = \left(\frac{\partial v_i}{\partial x_j}\right)(x_1, x_2, x_3). \quad (1.22)$$

Nous notons ici avec des indices 1, 2, 3 les directions x, y et z, afin d'écrire plus simplement les formules. Pour noter la matrice qui représente le tenseur $[G]$, nous utiliserons souvent la même notation $[G]$. En cas d'ambiguïté (par exemple si nous travaillons avec deux bases différentes) nous introduirons des notations différentes. Prenons un exemple.

Activité 1-15 : Considérons un écoulement permanent de la forme : $\vec{v} = v_x \vec{e}_x + v_y \vec{e}_y$ avec $v_x = v_0 \left(1 - e^{y/a}\right)$ et $v_y = v_0 \left(1 - \dfrac{xy}{a^2}\right)$ avec $a = 1$ m et $v_0 = 1$ m·s^{-1} des constantes.

1. Exprimer le tenseur des gradients de vitesse $[G]$ en un point $M(x, y)$ quelconque.

2. Exprimer $[G]$ en $O(0, 0)$. Exprimer la vitesse linéarisée en un point $M(x, y)$ proche de O. Comparer cette vitesse linéarisée à la vitesse exacte $\vec{v}$.

Si le calcul conduit à une valeur nulle de $[G]$, alors c'est que le champ de vitesse est localement approché par une fonction quadratique, ou, si la forme quadratique est nulle, par une fonction polynomiale d'ordre supérieur. La figure 1.7 exprime la signification de $[G]$ dans le cas d'un écoulement où le champ de vitesse est connu de manière analytique.

Expression de $[G]$ en coordonnées cylindriques

On note $(\vec{e}_r, \vec{e}_\theta, \vec{e}_z)$ la base des coordonnées cylindriques. La définition de $[G]$ donnée en 1.20 s'écrit :

$$[G] = \begin{bmatrix} \dfrac{\partial v_r}{\partial r} & \dfrac{1}{r}\left(\dfrac{\partial v_r}{\partial \theta} - v_\theta\right) & \dfrac{\partial v_r}{\partial z} \\[2ex] \dfrac{\partial v_\theta}{\partial r} & \dfrac{1}{r}\left(\dfrac{\partial v_\theta}{\partial \theta} + v_r\right) & \dfrac{\partial v_\theta}{\partial z} \\[2ex] \dfrac{\partial v_z}{\partial r} & \dfrac{1}{r}\dfrac{\partial v_z}{\partial \theta} & \dfrac{\partial v_z}{\partial z} \end{bmatrix} \quad (1.23)$$

Activité 1-16 : Établir cette formule.

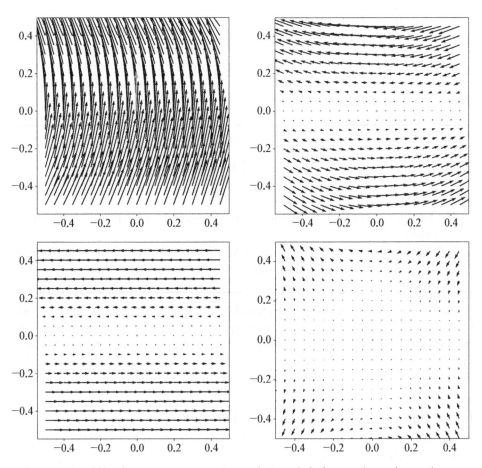

FIGURE 1.7   L'écoulement a une expression analytique de la forme : $\vec{v} = v_x \vec{e}_x + v_y \vec{e}_y$ avec

$v_x = v_0 \left(1 - e^{y/a}\right)$ et $v_y = v_0 \left(1 - \dfrac{xy}{a^2}\right)$ avec $a = 1$ m et $v_0 = 1$ m·s^{-1} des constantes. L'axe

horizontal est l'axe des x. L'axe vertical est l'axe des y. Les deux axes sont gradués en mètres.
Figure du haut à gauche : le champ de vitesse au voisinage du point $(0,0)$. Figure du haut à
droite : le champ de vitesse moins la vitesse au point $(0,0)$. Figure en bas à gauche : le champ
de vitesse linéarisé, calculé par l'action de $[G]$. Figure en bas à droite : la différence entre le
champ de vitesse original (moins la vitesse en $(0,0)$) et le champ linéarisé.

Expression de $[G]$ en coordonnées sphériques

On note $(\vec{e}_r, \vec{e}_\theta, \vec{e}_\varphi)$ la base des coordonnées sphériques.

Activité 1-17 : Établir l'expression matricielle du tenseur des gradients de vitesse $[G]$ dans ce système de coordonnées.

1.2.2   Visualisation de la déformation

Dans cette partie, nous nous placerons en général dans le cas d'évolutions à deux dimensions (dans le plan) ; en pratique, on peut les observer en marquant la surface libre d'un liquide avec des petites particules. Nous utiliserons en général un système de coordonnées cartésiennes.

1.2.2.1   Évolution d'une grille « test »

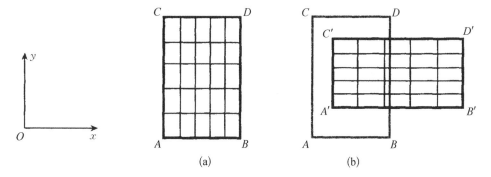

FIGURE 1.8   Évolution d'une grille dans un écoulement dont le champ de gradients de vitesse ne comporte que des termes diagonaux du type $\left(\dfrac{\partial v_i}{\partial x_i}\right)$; (a) grille non déformée à l'instant t ; (b) état de la grille à l'instant ultérieur $t + \delta t$.

Pour analyser l'effet de $[G]$ sur le mouvement des particules de fluide, nous étudions l'évolution d'une grille « test » $ABCD$ représentée sur la figure 1.8. Nous supposons que la grille est de petites dimensions, de côtés $\mathrm{d}x$ et $\mathrm{d}y$. Pour un point quelconque P de la grille, nous calculons la variation du vecteur $\overrightarrow{AP}$ durant un intervalle de temps δt. En notant A' et P' les positions des points A et P à l'instant $t + \delta t$, cette variation s'écrit :

$$\overrightarrow{A'P'} - \overrightarrow{AP} = \overrightarrow{PP'} - \overrightarrow{AA'} = \vec{v}(P)\delta t - \vec{v}(A)\delta t = \left([G(A)] \cdot \overrightarrow{AP}\right)\delta t \qquad (1.24)$$

Le membre de droite de la dernière égalité ci-dessus représente le premier terme du développement de $\vec{v}(P) - \vec{v}(A)$ donné par l'équation 1.20. Cette approximation est justifiée pour des intervalles de temps δt et des gradients de vitesse $\| [G] \|$ suffisamment petits. C'est le cas des *petites déformations*. Nous considérons par ailleurs que la linéarisation du champ de vitesse est calculée au voisinage du point A. Nous allons utiliser la relation 1.24 pour étudier l'évolution des côtés $\overrightarrow{AB}$ et $\overrightarrow{AC}$ de la grille test.

Dans cette étude, nous nous limitons aux cas des petites déformations, en supposant que le déplacement d'un point matériel situé initialement en M est égal à $\vec{v}(M)\delta t$. Ces déformations correspondent à l'évolution d'un fluide entre deux instants très voisins.

Tout d'abord, nous décomposons le tenseur des gradients de vitesse en M en une partie symétrique $[e]$ et une partie antisymétrique $[\omega]$:

$$[G] = [e] + [\omega] \tag{1.25}$$

où les tenseurs $[e]$ et $[\omega]$ sont définis au point M. En cas d'ambiguïté, on pourra donc écrire $[e(M)]$ et $[\omega(M)]$. Considérons l'effet de chacun de ces deux termes sur la grille « test » de la figure 1.8.

1.2.2.2 Analyse de la partie antisymétrique : rotation

Le tenseur $[\omega]$ est antisymétrique. La matrice qui le représente sur toute base orthonormée a la forme suivante :

$$[\omega(A)] = \begin{bmatrix} 0 & -\Omega \\ \Omega & 0 \end{bmatrix}. \tag{1.26}$$

On a pour la variation du vecteur $\overrightarrow{AB}$ ($\mathrm{d}y = 0$) :

$$\overrightarrow{A'B'} - \overrightarrow{AB} = \Omega \mathrm{d}x \delta t \vec{e}_y. \tag{1.27}$$

L'angle $\delta\alpha$, dont tourne le côté $\overrightarrow{AB}$ du rectangle « test » pendant le temps δt, vaut donc (figure 1.9) :

$$\delta\alpha = \Omega \delta t \tag{1.28}$$

De même, l'angle $\delta\beta$, selon lequel tourne le côté $\overrightarrow{AC}$ pendant le même temps, s'ecrit :

$$\delta\beta = \Omega \delta t = \delta\alpha \tag{1.29}$$

Ainsi, nous vérifions que la variation $\delta\gamma = -(\delta\alpha - \delta\beta)$ de l'angle entre les côtés $\overrightarrow{AB}$ et $\overrightarrow{AC}$ est nulle. Le rectangle ne subit aucune déformation, il tourne en bloc d'un angle :

$$\delta\alpha = \delta\beta = \Omega \delta t. \tag{1.30}$$

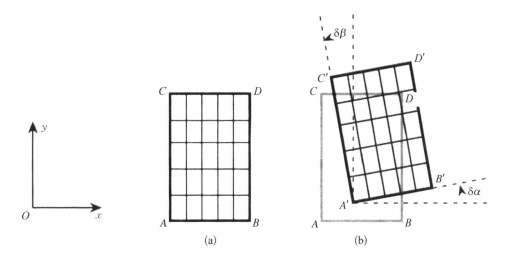

FIGURE 1.9   Effet de la partie antisymétrique du champ de gradients de vitesse sur une grille. Le tenseur des gradients de vitesse ne comporte que des termes non diagonaux du type $\left(\dfrac{\partial v_i}{\partial x_j} \right)$ avec i différent de j et tels que $\dfrac{\partial v_j}{\partial x_i} = -\dfrac{\partial v_i}{\partial x_j}$; (a) grille non déformée à l'instant t ; (b) état de la grille à l'instant ultérieur $t + \delta t$.

Le terme Ω représente donc la vitesse angulaire $\delta\alpha/\delta t$ de *rotation locale sans déformation* de l'élément de fluide.

Plaçons-nous dans un repère cartésien $(\vec{e}_x, \vec{e}_y)$. On a alors une expression de Ω en fonction des dérivées partielles des composantes v_x et v_y de la vitesse : $\Omega = \dfrac{1}{2}\left(\dfrac{\partial v_y}{\partial x} - \dfrac{\partial v_x}{\partial y} \right)$. Ce résultat suggère d'introduire un vecteur $\vec{\omega}$ tel que :

$$\vec{\omega} = \left(\frac{\partial v_y}{\partial x} - \frac{\partial v_x}{\partial y} \right) \vec{e}_z = \overrightarrow{\mathrm{rot}}\,\vec{v} \tag{1.31}$$

et aussi le vecteur local $\vec{\Omega} = \Omega \vec{e}_z$:

$$\vec{\Omega} = \Omega \vec{e}_z. \tag{1.32}$$

Les résultats précédents s'écrivent :

$$\vec{\Omega} = \frac{1}{2}\vec{\omega} = \frac{1}{2}\overrightarrow{\mathrm{rot}}\,\vec{v} \tag{1.33}$$

Cette relation est intrinsèque : elle ne dépend pas du repère cartésien choisi au départ pour l'établir. Le vecteur $\vec{\Omega}$ représente la vitesse angulaire de rotation locale d'un élément de fluide. Pour cette raison, il est appelé **vecteur tourbillon**

On peut mettre en évidence expérimentalement la rotation locale d'un fluide (et donc la structure du champ de vecteurs ω), en suivant la rotation d'un ensemble rigide de deux bâtonnets, disposés en croix et flottant à la surface de l'eau.

1.2.2.3   *Analyse de la partie symétrique : déformation*

Le tenseur $[e]$ peut être décomposé sous la forme suivante :

$$[e] = [t] + [d] \tag{1.34}$$

avec

$$[t] = \frac{1}{n}(\text{tr}[G])[I] = \frac{1}{n}(\text{div}\,\vec{v})[I] \tag{1.35}$$

où n est la dimension de l'espace : $n = 3$ en général (écoulement tridimensionnel) ; $n = 2$ dans le cas particulier d'un écoulement bidimensionnel. La relation

$$\text{div}\,\vec{v} = \text{tr}[G] \tag{1.36}$$

peut être établie en prenant la représentation de $[G]$ dans une base de coordonnées cartésiennes. On peut vérifier immédiatement que $\text{tr}[G] = \text{tr}[e]$, et donc que

$$\text{tr}[d] = 0. \tag{1.37}$$

Dilatation isotrope $[t]$

Le tenseur $[t]$ est une homothétie de rapport

$$\dot{\lambda}_i = \frac{1}{n}(\text{div}\,\vec{v}). \tag{1.38}$$

Donc, dans toute base orthonormée, il a la même expression matricielle t :

$$t = \dot{\lambda}_i \begin{bmatrix} 1 & 0 \\ 0 & 1 \end{bmatrix} = \begin{bmatrix} \dot{\lambda}_i & 0 \\ 0 & \dot{\lambda}_i \end{bmatrix}. \tag{1.39}$$

D'après la relation 1.24, pour tout point P au voisinage de A, nous pouvons écrire pour l'évolution du côté $\overrightarrow{AP}$, au premier ordre en δt :

$$\overrightarrow{A'P'} - \overrightarrow{AP} = \dot{\lambda}_i \overrightarrow{AP} \delta t \quad \text{ou} \quad \overrightarrow{A'P'} = (1 + \dot{\lambda}_i \delta t)\overrightarrow{AP}. \tag{1.40}$$

Le côté $\overrightarrow{AP}$ reste parallèle à lui-même. Son allongement relatif est : $1 + \dot{\lambda}_i \delta t$. La quantité $\dot{\lambda}_i$ est appelée **taux d'élongation isotrope**. La grille test subit une dilatation isotrope.

Évaluons maintenant la variation relative de surface du rectangle $ABCD$:

$$\frac{\delta S}{S} = \frac{\delta(AB)}{AB} + \frac{\delta(AC)}{AC} = 2\dot{\lambda}_i \delta t = (\operatorname{div}\vec{v})\delta t \qquad (1.41)$$

puisque, à 2 dimensions, $\dot{\lambda}_i = \frac{1}{2}(\operatorname{div}\vec{v})$. Conclusion : la divergence du champ de vitesse représente le **taux d'expansion** de l'élément de fluide considéré. Dans l'exemple bidimensionnel de la grille test, cette expansion correspond à un accroissement de surface. Plus généralement, dans le cas d'un écoulement avec des variations de vitesse dans les trois directions, la variation relative du volume V d'un parallélépipède s'ecrit :

$$\frac{\delta V}{V} = 3\dot{\lambda}_i \delta t = (\operatorname{div}\vec{v})\delta t \qquad (1.42)$$

Le taux d'expansion du volume vaut également $\operatorname{div}\vec{v}$.

> $\operatorname{div}\vec{v}$ représente le taux d'expansion de la particule fluide.

Pour un fluide incompressible ($\delta V/V = 0$), le champ de vitesse est de divergence nulle, et nous retrouvons le fait que le volume d'une particule fluide reste alors constant.

Déviation [d]

L'écoulement considéré est supposé bidimensionnel. Une base orthonormée $(\vec{e}_1, \vec{e}_2)$ étant donnée, la matrice d qui exprime le déviateur $[d]$ aura en général la forme suivante :

$$d = \begin{bmatrix} \dot{\lambda} & \dot{\mu} \\ \dot{\mu} & -\dot{\lambda} \end{bmatrix}. \qquad (1.43)$$

En effet on a vu que $\operatorname{tr}[d]$ est nulle, et que $[d]$ est un tenseur symétrique. Il existe une base orthonormée $(\vec{e}_1', \vec{e}_2')$ telle que la matrice d' qui représente $[d]$ dans cette base est de la forme :

$$d' = \begin{bmatrix} 0 & \dot{\gamma}/2 \\ \dot{\gamma}/2 & 0 \end{bmatrix} \qquad (1.44)$$

Activité 1-18 : Prouver ce résultat. Exprimer $\dot{\gamma}$ en fonction de $\dot{\lambda}$ et $\dot{\mu}$.

Analysons la déformation de la grille test $ABCD$, en considérant que $[G]$ est réduit à la déformation $[d]$. Écrivons les variations des vecteurs $\overrightarrow{AB}$ et $\overrightarrow{AC}$. À partir de la relation 1.24, on obtient pour le vecteur $\overrightarrow{AB}$ ($\mathrm{d}y = 0$) :

$$\overrightarrow{A'B'} - \overrightarrow{AB} = \frac{\dot{\gamma}}{2}\mathrm{d}x\delta t\vec{e}_y. \qquad (1.45)$$

À present, le côté $\overrightarrow{AB}$ ne reste pas parallèle à l'axe Ox. Il tourne, d'un angle :

$$\delta\alpha = \frac{\dot{\gamma}}{2}\delta t. \tag{1.46}$$

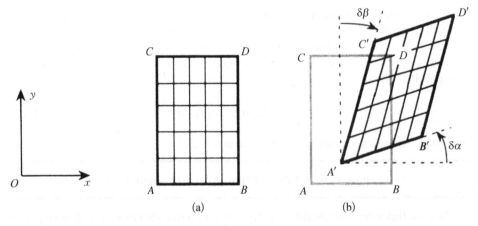

FIGURE 1.10   Évolution d'une grille dans un écoulement dont le champ de gradients de vitesse ne comporte que des termes non diagonaux du type $\left(\dfrac{\partial v_i}{\partial x_j}\right)$ avec $i \neq j$; (a) grille non déformée à l'instant t ; (b) état de la grille à un instant ultérieur $t + \delta t$.

L'angle $\delta\alpha$ est positif dans le cas de la figure 1.10. En calculant de même la variation du vecteur $\overrightarrow{AC}$, on obtient :

$$\overrightarrow{A'C'} - \overrightarrow{AC} = \frac{\dot{\gamma}}{2}\mathrm{d}y\delta t\vec{e}_x. \tag{1.47}$$

Le côté $\overrightarrow{AC}$ tourne d'un angle :

$$\delta\beta = -\frac{\dot{\gamma}}{2}\delta t \tag{1.48}$$

Cet angle est négatif dans le cas de la figure 1.10 pour laquelle nous avons $\dot{\gamma} > 0$. La vitesse de variation $(\delta\gamma/\delta t)$ de l'angle γ entre les côtés $\overrightarrow{C'A'}$ et $\overrightarrow{C'D'}$ s'écrit, en valeur absolue :

$$\frac{\partial\gamma}{\partial t} = \frac{(\delta\alpha - \delta\beta)}{\delta t} = \frac{\dot{\gamma}}{2} + \frac{\dot{\gamma}}{2} = \dot{\gamma}. \tag{1.49}$$

La grandeur $\dot{\gamma}$ représente donc la dérivée temporelle de l'angle γ. Cette grandeur est appelée **taux de cisaillement**.

Nous pouvons enfin donner une autre interprétation de $\dot{\gamma}$, en choisissant une autre base pour représenter la tenseur $[d]$.

Il existe une base orthonormée $(\vec{e}_1'', \vec{e}_2'')$ telle que la matrice d'' qui représente $[d]$ dans cette base est de la forme :

$$d'' = \begin{bmatrix} \dfrac{\dot{\gamma}}{2} & 0 \\ 0 & -\dfrac{\dot{\gamma}}{2} \end{bmatrix} \tag{1.50}$$

Appelons Δ_1' et Δ_2' les axes parallèles aux directions des vecteurs $\vec{e}_1'$ et $\vec{e}_2'$. Appelons Δ_1'' et Δ_2'' les axes parallèles aux directions des vecteurs $\vec{e}_1''$ et $\vec{e}_2''$. On peut montrer que les droites Δ_1' et Δ_1'' (et de même les droites Δ_2' et Δ_2'') font entre elles un angle de $\pi/4$.

Activité 1-19 : Prouver ces résultats.

L'équivalence de ces différentes représentations matricielles peut être illustrée par l'exemple suivant.

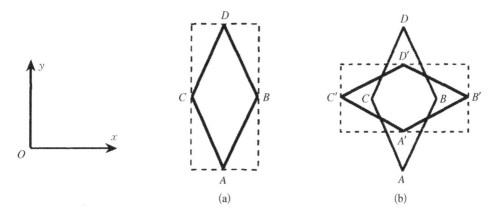

(a)   (b)

FIGURE 1.11   Évolution d'un losange sous l'effet d'un écoulement dont le champ de gradient de vitesse ne comprend que des éléments diagonaux du type $\left(\dfrac{\partial v_i}{\partial x_i}\right)$; (a) losange non déformé à l'instant t ; (b) état du losange à l'instant ultérieur $t + \delta t$.

Considérons le cas où, dans la base cartésienne $(\vec{e}_x, \vec{e}_y)$ associée aux axes x et y, la matrice qui représente $[G]$ est :

$$g'' = \begin{bmatrix} \dot{\lambda}' & 0 \\ 0 & -\dot{\lambda}' \end{bmatrix} \tag{1.51}$$

avec $\dot{\lambda}' > 0$. Pour visualiser l'action de $[G]$, on peut imaginer une particule fluide adaptée à cette base, soit un rectangle de côtés parallèles aux axes x et y. Ce rectangle est représenté en traits pointillés sur la figure 1.11a. La particule déformée est représentée également en traits pointillés sur la figure 1.11b. On voit que la particule est toujours de forme rectangulaire, mais que ses côtés ont changé de longueur. De plus, ces changements de longueur sont tels que la surface de la particule est constante (déformation iso-surface).

Exprimons le tenseur dans la base $(\vec{e}_x', \vec{e}_y')$ obtenue à partir de $(\vec{e}_x, \vec{e}_y)$ par rotation d'angle $-\dfrac{\pi}{4}$ autour de l'axe z. La matrice qui le représente dans cette base est :

$$d' = \begin{bmatrix} 0 & \dot{\lambda}' \\ \dot{\lambda}' & 0 \end{bmatrix}. \tag{1.52}$$

Pour visualiser l'action de $[G]$, on peut imaginer une particule fluide adaptée à cette base, soit un losange $ABCD$. Ce losange est représenté en traits pleins sur la figure 1.11a. La particule déformée $A'B'C'D'$ est représentée également en traits pleins sur la figure 1.11b. Les matrices d'' et d' représentent le même tenseur $[G]$.

L'exemple précédent montre que les directions Δ_1'' et Δ_2'' ne sont pas déviées au cours de la formation de la particule. De plus, ces directions correspondent aux vecteurs propres du tenseur $[d]$. On retiendra :

> Les directions propres du tenseur $[d]$ ne sont pas déviées
> au cours de la déformation de l'élément fluide.

1.2.2.4 Caractérisation de la déformation d'une particule fluide

Le tenseur gradient de vitesse au point M, $[G(M)]$, peut en général être décomposé sous la forme :

$$[G] \quad = \quad [e] \quad + \quad [\omega] \quad = \quad \underbrace{\underbrace{[t]}_{\text{dilatation}} \quad + \quad \underbrace{[d]}_{\text{déviation}}}_{\text{déformation}} \quad + \quad \underbrace{[\omega]}_{\text{rotation}} \tag{1.53}$$

où :

— $[t] = \dfrac{1}{n}\text{tr}[G][I]$ est un tenseur diagonal, qui représente la variation de volume (ou de surface à deux dimensions) des éléments de fluide ; l'entier naturel n est la dimension de l'espace physique considéré (en général $n = 2$ ou 3) ; le tenseur $[t]$ est nul pour un fluide incompressible ;

— $[d]$ est un tenseur de trace nulle et symétrique ; il est associé aux déformations des éléments de fluide, sans variation de volume ;

— $[\omega]$ est un tenseur antisymétrique qui représente la rotation en bloc des éléments de fluide.

La déformation locale du fluide est caractérisée par la donnée des quatre éléments suivants :

— le vecteur rotation instantanée $\vec{\Omega} = \frac{1}{2}\overrightarrow{\mathrm{rot}}\,\vec{v}$;

— le taux d'expansion $\mathrm{div}\,\vec{v} = \mathrm{tr}[G]$;

— les axes non déviés $\vec{e}_1''$ et $\vec{e}_2''$;

— le taux de cisaillement $\dot{\gamma}$.

La décomposition de $[G]$ sous la forme $[t]+[d]+[\omega]$ intervient dans l'étude des contraintes de viscosité qui apparaissent dans un fluide qui s'écoule, phénomène que nous étudierons au chapitre 3. Nous verrons que, pour un fluide newtonien en écoulement incompressible ($[t]=0$), seul le terme $[d]$ intervient dans l'expression des contraintes de viscosité.

Prenons l'exemple de l'écoulement de Couette plan. Il est caractérisé par le champ de vitesse stationnaire $\vec{v} = v_x(y)\vec{e}_x$. Nous allons préciser ici la forme de v_x par rapport à y :

$$\vec{v} = \dot{\gamma}y\vec{e}_x \tag{1.54}$$

avec $\dot{\gamma}$ le taux de cisaillement du fluide, supposé constant dans ce modèle. Le tenseur $[G]$ des gradients de vitesse est représenté par la matrice :

$$G = \begin{bmatrix} 0 & \dot{\gamma} \\ 0 & 0 \end{bmatrix}. \tag{1.55}$$

et peut être décomposé sous la forme :

$$G = \begin{bmatrix} 0 & \dot{\gamma} \\ 0 & 0 \end{bmatrix} = \underbrace{\begin{bmatrix} 0 & 0 \\ 0 & 0 \end{bmatrix}}_{\text{dilatation}} + \underbrace{\begin{bmatrix} 0 & \dot{\gamma}/2 \\ \dot{\gamma}/2 & 0 \end{bmatrix}}_{\text{déviation}} + \underbrace{\begin{bmatrix} 0 & \dot{\gamma}/2 \\ -\dot{\gamma}/2 & 0 \end{bmatrix}}_{\text{rotation}}. \tag{1.56}$$

$$\underbrace{\phantom{\begin{bmatrix} 0 & 0 \\ 0 & 0 \end{bmatrix} \qquad \begin{bmatrix} 0 & \dot{\gamma}/2 \\ \dot{\gamma}/2 & 0 \end{bmatrix}}}_{\text{déformation}}$$

La composante de dilatation est nulle, ce qui traduit l'incompressibilité de l'écoulement ($\mathrm{div}\,\vec{v} = 0$). La forme du tenseur de rotation $[\omega]$ indique que les particules fluides tournent à la vitesse angulaire instantanée $-\dot{\gamma}/2$ dans le plan. La composante de déviation $[d]$ induit un cisaillement total $\dot{\gamma}$. On peut donc appeler aussi cet écoulement **écoulement de cisaillement simple**. Il n'y aura dilatation sans rotation que dans deux directions propres, qui sont obtenues mathématiquement en diagonalisant le tenseur $[d]$. Les valeurs propres sont $-\dot{\gamma}/2$ et $\dot{\gamma}/2$, et les sous-espaces propres correspondants sont les deux droites perpendiculaires d'équations respectivement $y = -x$ et $y = x$.

Activité 1-20 : Montrer ces résultats.

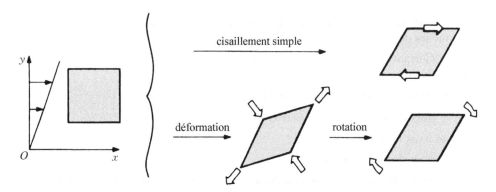

FIGURE 1.12   L'évolution d'un élément de volume dans un écoulement de cisaillement simple peut être décomposée en une déformation sans rotation, et une rotation.

L'écoulement est la composition d'une déformation iso-volume et d'une rotation. La vitesse instantanée de rotation est $-\dot{\gamma}/2$: voir figure 1.12.

L'écoulement de Couette plan est donc caractérisé par :

— le vecteur rotation instantané $\vec{\Omega} = -\dot{\gamma}/2\vec{e}_z$;

— un taux d'expansion div $\vec{v}$ nul ;

— des axes non déviés $\vec{e}_x \pm \vec{e}_y$;

— le taux de cisaillement $\dot{\gamma}/2$.

Prenons l'exemple du champ de vitesse bidimensionnel :

$$\vec{v} \left| \begin{array}{l} v_x = v_0\left(1 - e^{y/a}\right) \\ v_y = v_0\left(1 - \dfrac{xy}{a^2}\right) \end{array} \right. \tag{1.57}$$

Au point O, le tenseur des gradients de vitesse $[G(O)]$ est représenté par la matrice $g(O) = -\dfrac{v_0}{a}\tilde{g}(O)$, avec

$$\tilde{g}(O) = \begin{bmatrix} 0 & 1 \\ 0 & 0 \end{bmatrix} \tag{1.58}$$

La déformation est donc un cisaillement simple, comme dans le cas de l'écoulement de Couette plan. La matrice $\tilde{g}(O)$ peut être décomposée sous la forme :

$$\tilde{g}(O) = \begin{bmatrix} 0 & 0 \\ 0 & 0 \end{bmatrix} + \begin{bmatrix} 0 & 1/2 \\ 1/2 & 0 \end{bmatrix} + \begin{bmatrix} 0 & 1/2 \\ -1/2 & 0 \end{bmatrix} \tag{1.59}$$

où les trois matrices correspondent respectivement à $[t]$, $[d]$ et $[\omega]$.

L'écoulement est donc caractérisé localement en O par :

— le vecteur rotation instantané $\vec{\Omega} = (v_0/2a)\vec{e}_z$;

— un taux d'expansion div $\vec{v}$ nul ;

— des axes non déviés $\vec{e}_x \pm \vec{e}_y$;

— le taux de cisaillement $v_0/2a$.

On peut représenter graphiquement la contribution à la vitesse totale de chaque partie symétrique $[e] = [d]$ et antisymétrique $[\omega]$ du tenseur des gradients de vitesse : voir figure 1.13.

1.3   CONSERVATION DE LA MASSE

1.3.1   Débits massique et volumique, vecteur densité de courant de matière

On considère une surface (S) orientée par un vecteur unitaire $\vec{n}$. Le débit massique D_m à travers (S) est la masse $\mathrm{d}m$ de fluide qui traverse (S) par unité de temps :

$$D_m = \frac{\mathrm{d}m}{\mathrm{d}t}.$$

Le débit massique est une grandeur algébrique, son unité est le kg·s^{-1}.

Considérons une surface infinitésimale d'aire $\mathrm{d}S$, située au voisinage d'un point M. Notons $\vec{n}$ un vecteur unitaire normal à sa surface. La masse de fluide $\mathrm{d}m$ traversant cette surface pendant $\mathrm{d}t$ est égale à $\pm\rho.\mathrm{d}\tau$ avec ρ la masse volumique du fluide en M, et $\mathrm{d}\tau$ le volume du cylindre de base la surface d'aire $\mathrm{d}S$, de génératrices les droites parallèles à $\vec{v}$, et de côté $v.\mathrm{d}t$ avec $v = \|\vec{v}\|$. On a $\mathrm{d}\tau = |\vec{v}\cdot\vec{n}|\mathrm{d}S\mathrm{d}t$, et de plus le signe de $\mathrm{d}m$ est le même que celui de $\vec{v}\cdot\vec{n}$. On en déduit que $\mathrm{d}m = \rho\vec{v}\cdot\vec{n}\mathrm{d}S\mathrm{d}t$, soit

$$\mathrm{d}m = \rho\vec{v} \cdot \mathrm{d}\vec{S}\mathrm{d}t \qquad (1.60)$$

avec $\mathrm{d}\vec{S} = \mathrm{d}S\vec{n}$ le vecteur surface associée à la surface de base. On définit le vecteur densité volumique de courant de matière $\vec{j}_m(M)$ par :

$$\vec{j}_m(M) = \rho(M)\vec{v}(M). \qquad (1.61)$$

Le vecteur $\vec{j}_m(M)$ est en kg·m^{-2}·s^{-1}.

Le débit massique D_m à travers la surface finie (S) est donc le flux de $\vec{j}_m(M)$ à travers la surface (S) :

$$D_m = \iint_{M\subset(S)} \vec{j}_m(M) \cdot \mathrm{d}\vec{S}(M). \qquad (1.62)$$

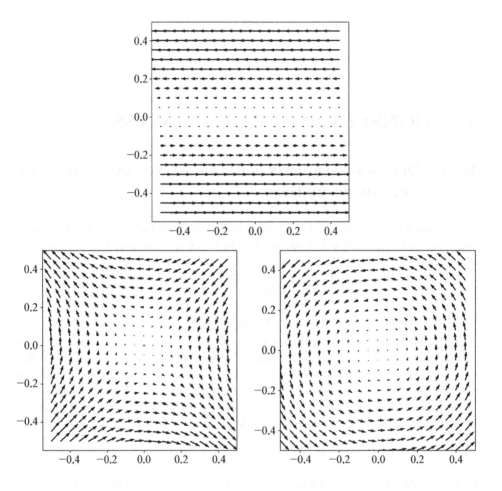

FIGURE 1.13   L'écoulement a une expression analytique de la forme : $\vec{v} = v_x \vec{e}_x + v_y \vec{e}_y$ avec $v_x = v_0 \left(1 - e^{y/a}\right)$ et $v_y = v_0 \left(1 - \dfrac{xy}{a^2}\right)$ avec $a = 1$ m et $v_0 = 1$ m·s^{-1} deux constantes. L'axe horizontal est l'axe des x. L'axe vertical est l'axe des y. Les deux axes sont gradués en mètres. L'écoulement est ici localement incompressible : le tenseur de dilatation $[t]$ est nul. Figure du haut : le champ de vitesse linéarisé, calculé par l'action de $[G]$. Figure en bas à gauche : la partie du champ de vitesse linéarisé, calculée par l'action de $[e]$. Figure en bas à droite : la partie du champ de vitesse linéarisé, calculée par l'action de $[\omega]$.

Le débit volumique Q à travers une surface (S) est le volume $\mathrm{d}V$ de fluide qui traverse (S) par unité de temps :

$$Q = \frac{\mathrm{d}V}{\mathrm{d}t}. \tag{1.63}$$

Le débit volumique est en $\mathrm{m^3 \cdot s^{-1}}$.

Considérons une surface infinitésimale d'aire $\mathrm{d}S$, située au voisinage d'un point M. Notons $\vec{n}$ un vecteur unitaire normal à sa surface. Le volume de fluide $\mathrm{d}V$ traversant cette surface pendant $\mathrm{d}t$ est égale à $\mathrm{d}\tau$ le volume du cylindre de base la surface d'aire $\mathrm{d}S$, et de côté $v.\mathrm{d}t$ avec $v = ||\vec{v}||$. D'après le calcul précédent, on a donc :

$$Q = \iint\limits_{M \subset (S)} \vec{v}(M) \cdot \mathrm{d}\vec{S}(M). \tag{1.64}$$

Dans le cas particulier où le fluide est de masse volumique uniforme, on peut sortir la masse volumique ρ du signe intégrale, et il vient :

$$D_m = \rho \iint\limits_{M \subset (S)} \vec{v}(M) \cdot \mathrm{d}\vec{S}(M) = \rho Q. \tag{1.65}$$

Débit massique et débit volumique sont alors simplement proportionnels.

1.3.2 Équation bilan de conservation de la masse

1.3.2.1 Équation globale

Considérons une région de l'espace (V) d'extension finie, limitée par une frontière (Σ), qui est donc une surface fermée. Nous supposons que (V), et donc aussi (Σ), sont permanentes c'est-à-dire qu'elles ne dépendent pas du temps. Notons $m(t)$ la masse de fluide contenue, à l'instant t, dans le volume (V). On a : $m(t) = \iiint\limits_{M \subset (V)} \rho(M,t)\mathrm{d}\tau(M)$ et $m(t+\mathrm{d}t) = \iiint\limits_{M \subset (V)} \rho(M,t+\mathrm{d}t)\mathrm{d}\tau(M)$. Notons $\mathrm{d}m_s$ la masse de fluide qui sort de (V) entre t et $t+\mathrm{d}t$:

$$\mathrm{d}m_s = -m(t+\mathrm{d}t) + m(t) = D_m \mathrm{d}t \tag{1.66}$$

Supposons qu'il n'y ait aucune production de matière dans le volume (V). Alors, par définition du vecteur densité volumique de courant de matière $\vec{j}_m$, on a :

$$D_m = \iint\limits_{P \subset (\Sigma)} \vec{j}_m(P) \cdot \mathrm{d}\vec{\Sigma}(P). \tag{1.67}$$

En égalant ces deux expressions de la masse sortante, on trouve $\iint\limits_{P \subset (\Sigma)} \vec{j}_m(P) \cdot$

$\mathrm{d}\vec{\Sigma}(P)\mathrm{d}t = m(t) - m(t + \mathrm{d}t)$ soit :

$$\iint\limits_{P \subset (\Sigma)} \vec{j}_m(P)\cdot\mathrm{d}\vec{\Sigma}(P)\mathrm{d}t = -\iiint\limits_{M \subset (V)} [\rho(t+\mathrm{d}t)-\rho(t)]\mathrm{d}\tau(M) = -\iiint\limits_{M \subset (V)} \frac{\partial\rho}{\partial t}(M)\mathrm{d}t\mathrm{d}\tau(M).$$

$$(1.68)$$

1.3.2.2   *Équation locale ou équation dite de continuité*

D'après le théorème de Green-Ostrogradski, on a

$$\iint\limits_{P \subset (\Sigma)} \vec{j}_m(P) \cdot \mathrm{d}\vec{\Sigma}(P) = \iiint\limits_{M \subset (V)} \mathrm{div}\,\vec{j}_m(M)\mathrm{d}\tau(M) \qquad (1.69)$$

L'équation globale de conservation de la masse en l'absence de source s'écrit donc :

$$\iiint\limits_{M \subset (V)} \left[\mathrm{div}\,\vec{j}_m(M) + \frac{\partial\rho}{\partial t}(M)\right] \mathrm{d}t\mathrm{d}\tau(M).$$

Cette expression étant vérifiée pour tout volume (V), et si on suppose que l'intégrande est continu, alors on a le résultat suivant, valable localement :

$$\mathrm{div}\,\vec{j}_m(M) + \frac{\partial\rho}{\partial t}(M) = 0 \qquad (1.70)$$

Cette équation est l'expression locale de la conservation de la masse. Elle s'appelle aussi équation de continuité.

Cette équation admet une autre écriture, qui ne fait pas intervenir le vecteur densité volumique de courant de matière. En effet on a $\vec{j}_m = \rho\vec{v}$, et donc $\mathrm{div}\,\vec{j}_m = \mathrm{div}[\rho\vec{v}] = \rho\,\mathrm{div}\,\vec{v} + (\vec{v}\cdot\overrightarrow{\mathrm{grad}})\rho$. On réécrit alors l'équation de continuité comme : $\rho\,\mathrm{div}\,\vec{v}+(\vec{v}\cdot\overrightarrow{\mathrm{grad}})\rho+\dfrac{\partial\rho}{\partial t} = 0$ c'est-à-dire, après identification de la dérivée particulaire de la masse volumique :

$$\rho\,\mathrm{div}\,\vec{v} + \frac{\mathrm{d}\rho}{\mathrm{d}t} = 0.$$

L'équation dite de continuité a une portée plus générale. En effet, toute grandeur conservative (masse, énergie, charge électrique, ...) qui est entraînée avec les particules lors d'un écoulement, satisfait à cette équation.

Remarque : Supposons que la masse volumique du fluide est uniforme. Alors $(\vec{v} \cdot \overrightarrow{\text{grad}})\rho = 0$ et donc $\dfrac{\mathrm{d}\rho}{\mathrm{d}t} = \dfrac{\partial \rho}{\partial t}$.

1.3.3   Caractérisation d'un écoulement stationnaire

Le régime étant stationnaire, on a en particulier que $\dfrac{\partial \rho}{\partial t} = 0$, et l'équation de continuité s'écrit : $\operatorname{div} \vec{j_m} = 0$. Le vecteur $\vec{j_m}$ est donc à flux conservatif.

Du point de vue global, cela signifie que le flux de $\vec{j_m}$ à travers toute surface fermée est nul : $\iint\limits_{P \subset (\Sigma)} \vec{j_m}(P) \cdot \mathrm{d}\vec{\Sigma}(P)\mathrm{d}t = 0$ pour toute surface fermée (Σ). Cela s'écrit aussi : $D_m = 0$, avec D_m le débit massique à travers (Σ). Le débit massique est conservatif.

Considérons un contour (C), c'est-à-dire une courbe fermée. Définissons un sens positif arbitraire de parcours le long de (C). Considérons ensuite deux surfaces (S_1) et (S_2) s'appuyant sur ce contour. Ces surfaces sont orientées par référence au sens de parcours du contour (C). Considérons la quantité $\iint\limits_{P \subset (S_2)} \vec{j_m}(P) \cdot \mathrm{d}\vec{S_2}(P) + \iiint\limits_{P \subset (S_1)} \vec{j_m}(P) \cdot \mathrm{d}\vec{S_1}(P)$. Supposons que le vecteur surface élémentaire $\mathrm{d}\vec{S_2}(P)$ soit orienté de l'intérieur vers l'extérieur de la surface fermée limitée par les surfaces (S_1) et (S_2). Alors le vecteur $-\mathrm{d}\vec{S_1}(P)$ est lui aussi orienté vers l'extérieur de la surface fermée.

La quantité $\iint\limits_{P \subset (S_2)} \vec{j_m}(P) \cdot \mathrm{d}\vec{S_2}(P) - \iint\limits_{P \subset (S_1)} \vec{j_m}(P) \cdot (-\mathrm{d}\vec{S_1}(P))$ représente donc le flux de $\vec{j_m}$ à travers la surface fermée limitée par (S_1) et (S_2). Or le vecteur $\vec{j_m}$ est à flux conservatif en régime stationnaire, cette quantité est nulle et on a : $\iint\limits_{P \subset (S_2)} \vec{j_m}(P) \cdot \mathrm{d}\vec{S_2}(P) = \iint\limits_{P \subset (S_1)} \vec{j_m}(P) \cdot (-\mathrm{d}\vec{S_1}(P))$. Concluons.

> Le flux de $\vec{j_m}$ à travers un contour, c'est-à-dire le débit massique de fluide à travers ce contour, est donc indépendant de la surface qui s'appuie sur ce contour. Il ne dépend que du choix du contour.

Ce résultat a une application importante dans le cas suivant.

> Considérons un tube de courant dans un écoulement permanent. Le débit

massique $\iint\limits_{P \subset (S)} \rho\vec{v}(P) \cdot \mathrm{d}\vec{S}(P)$ garde la même valeur pour toute section (S) du tube. Par unité de temps, la masse qui entre d'un côté, ressort de l'autre côté.

1.3.4   Caractérisation d'un écoulement incompressible

On a vu que lors d'un écoulement incompressible, la particule fluide conserve son volume. On a aussi montré que div $\vec{v}$ représente la variation relative du volume V de la particule fluide au cours du temps : div $\vec{v} = \dfrac{1}{V}\dfrac{\mathrm{d}V}{\mathrm{d}t}$.

L'écoulement incompressible est caractérisé par div $\vec{v} = 0$. la vitesse $\vec{v}$ est à flux conservatif.

En utilisant l'équation de continuité $\rho \operatorname{div} \vec{v} + \dfrac{\mathrm{d}\rho}{\mathrm{d}t} = 0$ on montre aisément que les deux caractéristiques d'un écoulement incompressible $\dfrac{\mathrm{d}\rho}{\mathrm{d}t} = 0$ et div $\vec{v} = 0$ sont équivalentes.

On en déduit que, dans un écoulement incompressible, le débit volumique $\iint\limits_{P \subset (S)} \vec{v}(P) \cdot \mathrm{d}\vec{S}(P)$ garde la même valeur pour toute section (S) d'un tube de courant. Par unité de temps, le volume qui entre d'un côté, ressort de l'autre côté.

Conséquence : là où les lignes de courant se resserrent, la vitesse $\vec{v}$ est plus grande.

Nous montrerons au chapitre 2 qu'une condition en général suffisante pour que l'écoulement soit supposé incompressible, est que la vitesse du fluide v est très petite devant la célérité du son c dans le milieu :

$$v \ll c. \tag{1.71}$$

Considérons l'écoulement permanent d'un gaz dans une tuyère. L'hypothèse du régime permanent permet d'écrire que le débit massique à la sortie, est égal au débit massique à l'entrée. Cependant, l'écoulement est en général compressible, et il n'y a donc pas égalité des débits volumiques en entrée et en sortie.

1.4 ANALOGIES AVEC L'ÉLECTROMAGNÉTISME

1.4.1 Décomposition d'un champ de vitesse

De façon générale, il est possible de décomposer un champ de vecteurs $\vec{v}(M)$ comme la somme de trois termes :

$$\vec{v} = \vec{v}_1 + \vec{v}_2 + \vec{v}_3 \tag{1.72}$$

où les trois termes sont définies par les propriétés suivantes :

— terme de dilatation $\vec{v}_1$: écoulement **irrotationnel compressible** : il vérifie :

$$\overrightarrow{\mathrm{rot}}\,\vec{v}_1 = \vec{0} \tag{1.73}$$

Ce champ, de divergence en général non nulle, représente la dilatation de la particule fluide :

$$\mathrm{div}\,\vec{v}_1 = \mathrm{div}\,\vec{v} = \frac{1}{V}\frac{\mathrm{d}V}{\mathrm{d}t} \tag{1.74}$$

Cette contribution correspond au champ électrique créé par une distribution de charges. Elle est nulle pour les fluides incompressibles.

— terme de rotation $\vec{v}_2$: écoulement **rotationnel incompressible** : il vérifie :

$$\mathrm{div}\,\vec{v}_2 = 0 \tag{1.75}$$

Ce champ, de rotationnel en général non nul, représente la rotation locale de la particule fluide :

$$\overrightarrow{\mathrm{rot}}\,\vec{v}_2 = \overrightarrow{\mathrm{rot}}\,\vec{v} = \vec{\omega} = 2\vec{\Omega} \tag{1.76}$$

avec un vecteur tourbillon $\vec{\Omega} = \dfrac{1}{2}\vec{\omega}$. La détermination de ce champ de vitesse peut être faite en analogie complète avec les problèmes de magnétisme des courants dans l'approximation des régimes quasi-permanents. Le champ de vecteurs $\vec{\omega}$ correspond à la densité de courant électrique, la vitesse à l'excitation magnétique. Un écoulement de ce type est appelé *écoulement rotationnel*.

— terme de potentiel $\vec{v}_3$: écoulement **irrotationnel incompressible** appelé aussi écoulement **potentiel** : il vérifie :

$$\mathrm{div}\,\vec{v}_3 = 0 \quad ; \qquad \overrightarrow{\mathrm{rot}}\,\vec{v}_3 = \vec{0} \tag{1.77}$$

Les écoulements correspondants sont équivalents à des problèmes d'électrostatique dans le vide ; l'analogue de la vitesse est le champ électrique et on introduit dans ce cas un potentiel des vitesses φ , analogue du potentiel électrique, tel que $\vec{v} = \overrightarrow{\mathrm{grad}}\,\varphi$. Ces écoulements sont appelés *écoulements potentiels*. Ils interviennent quand on peut négliger les effets de la viscosité.

Remarque   La décomposition de $\vec{v}$ sous la forme $\vec{v} = \vec{v}_1 + \vec{v}_2 + \vec{v}_3$ n'est en général pas unique. Elle est unique si on impose que le champ $\vec{v}$ doit vérifier les conditions aux limites du problème réel.

Activité 1-21 : On considère les écoulements suivants :

1. écoulement de Couette cylindrique : $\vec{v} = v\vec{e}_\theta$, avec v de la forme : $v = Ar + \dfrac{B}{r}$

   avec A et B deux constantes :

$$A = \frac{R_2^2 \Omega_2 - R_1^2 \Omega_1}{R_2^2 - R_1^2} \quad ; \quad B = \frac{R_1^2 R_2^2}{R_2^2 - R_1^2}(\Omega_1 - \Omega_2) \tag{1.78}$$

2. écoulement de Poiseuille : $\vec{v} = v\vec{e}_z$, avec v de la forme : $v = v_0\left(1 - \dfrac{r^2}{R^2}\right)$ et

   v_0 et R deux constantes.

3. écoulement newtonien autour d'une sphère : $\vec{v} = v_r\vec{e}_r + v_\theta\vec{e}_\theta$, avec

$$\left|\begin{array}{l} v_r = v_0 \cos\theta \left(1 - \dfrac{3R}{2r} + \dfrac{R^3}{2r^3}\right) \\[3mm] v_\theta = -v_0 \sin\theta \left(1 - \dfrac{3R}{4r} - \dfrac{R^3}{4r^3}\right) \end{array}\right. \tag{1.79}$$

   où v_0 et R sont deux constantes.

4. écoulement bidimensionnel $\vec{v} = v_x\vec{e}_x + v_y\vec{e}_y$ avec $v_x = v_0\left(1 - e^{y/a}\right)$ et $v_y = v_0\left(1 - \dfrac{xy}{a^2}\right)$ avec a et v_0 deux constantes.

Pour chacun de ces écoulements, déterminer une possibilité pour les composantes $\vec{v}_1$, $\vec{v}_2$ et $\vec{v}_3$.

Dans les paragraphes suivants, nous détaillons les écoulements potentiels (type $\vec{v}_3$) puis les écoulements rotationnels (type $\vec{v}_2$).

1.4.2   Écoulement potentiel

1.4.2.1   Généralités

Le volume de chaque particule fluide est inchangé et, en tout point M on a : $\operatorname{div}\vec{v} = 0$. D'où $\operatorname{div}\overrightarrow{\operatorname{grad}}\varphi = 0$ soit $\Delta\varphi = 0$: le potentiel est solution de l'équation de Laplace. Un tel écoulement est analogue à un problème d'électrostatique, dans le cas où l'on cherche le potentiel électrostatique dans une région vide de charges. Comme tout potentiel défini par un gradient, φ n'est pas défini de manière unique.

Il est défini à une composante additive près de champ uniforme. Ce champ peut dépendre du temps, mais il ne dépend pas de la position.

TABLEAU 1.1   **Analogie entre le formalisme de l'écoulement potentiel, et celui de l'électrostatique.**

Cinématique des fluides	Électrostatique
Écoulement potentiel	Propriétés du champ électrostatique
$\overrightarrow{\mathrm{rot}}\,\vec{v} = \vec{0}$	$\overrightarrow{\mathrm{rot}}\,\vec{E} = \vec{0}$
$\vec{v} = \overrightarrow{\mathrm{grad}}\,\varphi$	$\vec{E} = -\overrightarrow{\mathrm{grad}}\,V$
$\vec{v}$ dirigé vers les potentiels croissants	$\vec{E}$ dirigé vers les potentiels décroissants
lignes de courant normales aux surfaces équipotentielles	lignes de champ $\vec{E}$ normales aux surfaces équipotentielles
Écoulement tel que : $\mathrm{div}\,\vec{v} = \alpha$	Pour une distribution de charges quelconque : $\mathrm{div}\,\vec{E} = \dfrac{\rho_e}{\varepsilon_0}$
φ solution de $\Delta\varphi = \alpha$	V solution de $\Delta V = -\dfrac{\rho_e}{\varepsilon_0}$
Écoulement potentiel et incompressible	Propriétés du champ électrostatique dans le vide
$\overrightarrow{\mathrm{rot}}\,\vec{v} = \vec{0}$ et $\mathrm{div}\,\vec{v} = 0$	$\overrightarrow{\mathrm{rot}}\,\vec{E} = \vec{0}$ et $\mathrm{div}\,\vec{E} = 0$
φ solution de $\Delta\varphi = 0$	V solution de $\Delta V = 0$

Remarque   Il suffit d'un point M du fluide où $\overrightarrow{\mathrm{rot}}\,\vec{v}(M) \neq \vec{0}$ pour que l'écoulement ne soit pas potentiel dans le domaine qui contient M. C'est le cas, par exemple, d'un écoulement de type tornade : voir figure 1.15.

1.4.2.2   *Doublet hydrodynamique*

Doublet à deux dimensions

Soit une **source** linéique d'axe $O_1 z$, de débit volumique D avec $D > 0$. On se place dans le système des coordonnées cylindriques. Dans le système des co-ordonnées cartésiennes correspondant à ce système, O_1 a pour coordonnées $O_1 = (-d, 0, 0)$. Le débit volumique D est défini pour une hauteur h le long de la direction $\vec{e}_z$.

Soit une source linéique d'axe $O_2 z$, de débit volumique $-D$. Le débit volumique est négatif, donc on appellera cette source un **puits**. Dans le système des coordonnées cartésiennes, O_2 a pour coordonnées $O_2(+d, 0, 0)$. Le débit volumique est défini pour une hauteur h le long de la direction $\vec{e}_z$.

La source et le puits ont des axes parallèles à la même direction $\vec{e}_z$. La distance entre la source et le puits est donc $2d$. L'association de la source et du puits est appelée **doublet** (voir Figure 1.14). Le produit

$$p = \frac{2dD}{h} \tag{1.80}$$

est appelé **intensité** du doublet.

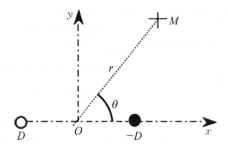

FIGURE 1.14   Modèle du doublet pour un écoulement à deux dimensions. La source est un axe du côté des x négatifs, le puits est un axe du côté des x positifs.

Soit $\varphi(M)$ le potentiel des vitesses associé à l'écoulement.

1. Exprimer le potentiel φ

   On observe l'écoulement loin de O. On a alors : $r \gg d$.

2. Montrer que $\varphi(r, \theta, z) = \dfrac{p \cos \theta}{2\pi r}$. Idée : Faire un développement limité.

3. En déduire l'expression du champ des vitesses. Définir un vecteur $\vec{p}$ qui représente l'effet du doublet à grande distance de O.

4. Déterminer le champ électrostatique créé par deux fils rectilignes parallèles, de charges linéiques opposées, en un point éloigné des deux fils.

Doublet à trois dimensions

On considère maintenant le problème analogue à 3 dimensions. On note D le débit volumique associé au point source O_1, et $-D$ le débit volumique associé au point puits O_2. La distance qui sépare les deux points est notée $2d$. On note $\vec{e}_z$ l'axe $(O_1 O_2)$ orienté de la source vers le puits :

$$\overrightarrow{O_1 O_2} = 2d\vec{e}_z. \tag{1.81}$$

5. Exprimer le potentiel φ et la vitesse $\vec{v}$ créés à grande distance du dipôle hydrodynamique. Définir un vecteur $\vec{p}$ qui représente les effets à grande distance du doublet. Décrire la dépendance de v par rapport à la distance r à l'origine.

SOLUTION

1. Faisons tout d'abord un calcul exact. La source, située en $(-d, 0, 0)$, est à l'origine d'un écoulement qui, s'il était seul, serait caractérisé par le potentiel des vitesses

$$\varphi_1(r) = \frac{D}{2\pi h} \ln\left(\frac{O_1 M}{d}\right) \tag{1.82}$$

avec S le point de coordonnées $(-d, 0, 0)$, où se trouve la source. Le puits, situé en $(+d, 0, 0)$, est à l'origine d'un écoulement qui, s'il était seul, serait caractérisé par un potentiel des vitesses

$$\varphi_2(r) = -\frac{D}{2\pi h} \ln\left(\frac{O_2 M}{d}\right) \tag{1.83}$$

avec P le point de coordonnées $(d, 0, 0)$, où se trouve le puits. L'écoulement étudié ici est la superposition de ces deux écoulements. Le potentiel total φ est donc tel que $\varphi = \varphi_1 + \varphi_2$ soit

$$\varphi(r) = \frac{D}{2\pi h} \ln\left(\frac{O_1 M}{O_2 M}\right). \tag{1.84}$$

2. À grandes distances de l'axe Oz, $r \gg d$ et on peut faire un développement limité par rapport à l'infiniment petit d/r. On obtient, à l'ordre le plus bas, c'est-à-dire l'ordre 1 : $\varphi = \frac{D}{\pi h} \frac{d}{r} \cos\theta$ soit $\varphi(r, \theta, z) = \frac{p}{2\pi} \frac{\cos\theta}{r}$, ou encore :

$$\varphi(r, \theta, z) = -\frac{\vec{p} \cdot \vec{r}}{2\pi r^2} \quad \text{avec} \quad \vec{p} = -p\vec{e}_x \tag{1.85}$$

Le vecteur $\vec{p}$ représente l'effet du doublet à grande distance de O. Il est orienté dans le sens où le fluide s'éloigne de O.

3. La vitesse dérive du potentiel selon la formule, et l'on a donc $\vec{v} = \overrightarrow{\text{grad}}\left(\dfrac{p}{2\pi}\dfrac{\cos\theta}{r}\right)$

soit

$$\vec{v} = -\frac{p}{2\pi r^2}(\cos\theta\,\vec{e}_r + \sin\theta\,\vec{e}_\theta). \tag{1.86}$$

La vitesse décroît en $1/r^2$ avec l'éloignement par rapport à l'axe.

4. Considérons une distribution de charges constituée par deux fils rectilignes parallèles, portant des charges linéiques opposées. La vitesse est ici l'analogue du vecteur champ électrostatique créé par cette distribution, et $-\varphi$ est l'analogue du potentiel électrostatique V.

5. À trois dimensions, on procède de même. Le potentiel créé par chaque point (source ou puits) est en $\dfrac{1}{r}$. Le potentiel créé par la superposition de la source et du puits est en $\dfrac{\cos\theta}{r^2}$. Plus exactement :

$$\varphi = \frac{p\cos\theta}{4\pi r^2} = -\frac{\vec{p}\cdot\vec{r}}{4\pi r^3} \quad \text{avec} \quad \vec{p} = -p\vec{e}_z \quad \text{et} \quad p = 2dD \tag{1.87}$$

La vitesse décroît en $\dfrac{1}{r^3}$.

1.4.3   Écoulement rotationnel incompressible

1.4.3.1   Généralités

L'équation $\text{div}\,\vec{v} = 0$ entraîne que le champ de vitesse est un champ de rotationnel : $\vec{v} = \overrightarrow{\text{rot}}\vec{\psi}$ avec $\vec{\psi}$ un champ de vecteur. Supposons qu'il existe un vecteur unitaire $\vec{e}_z$ tel que

$$\vec{\psi} = \psi\vec{e}_z \tag{1.88}$$

avec ψ une fonction scalaire. Cette fonction scalaire est appelée **fonction de courant**. Quand elle est définie, la fonction de courant ψ n'est pas unique : elle est définie à un champ scalaire ψ_0 près tel que $\overrightarrow{\text{rot}}\,(\psi_0\vec{e}_z) = \vec{0}$.

On suppose que le champ de rotationnel de la vitesse est connu : $\overrightarrow{\text{rot}}\vec{v} = 2\vec{\Omega}$ avec $\vec{\Omega}$ un champ de vecteurs connu. Cet écoulement incompressible est analogue au champ magnétostatique.

Si, en un point M du fluide, $\overrightarrow{\text{rot}}\vec{v}(M)$ diverge ou est non nul, alors on dit que l'écoulement est rotationnel, ou aussi tourbillonnaire.

TABLEAU 1.2   **Analogie entre le formalisme de l'écoulement incompressible, et celui de la magnétostatique.**

Cinématique des fluides	Magnétostatique
Écoulement caractérisé par un vecteur tourbillon tel que : $\overrightarrow{\mathrm{rot}}\,\vec{v} = \vec{\omega} = 2\vec{\Omega}$	Pour une distribution de courants donnée : $\overrightarrow{\mathrm{rot}}\,\vec{B} = \mu_0 \vec{j}$
Écoulement incompressible : div $\vec{v} = 0$	Équation de Maxwell : div $\vec{B} = 0$

Dans le cas particulier où on peut définir une fonction de courant ψ, on peut montrer que les lignes de courant ont pour équation $\psi = $ Cste. Cela justifie l'expression *fonction de courant* utilisée pour la fonction ψ.

Activité 1-22 : Montrer ce résultat.

Nous considérons maintenant deux exemples d'écoulement incompressibles rotationnels, qui sont donc analogues à des systèmes magnétostatiques : l'écoulement de vortex élémentaire, et l'écoulement de type « solide en rotation à vitesse angulaire constante ».

1.4.3.2 Champ de vitesse d'une rotation en bloc

La rotation en bloc d'un fluide est analogue au mouvement d'un solide. Le champ de vitesse est de la forme :

$$\vec{v}(r) = \Omega r \vec{e}_\theta. \tag{1.89}$$

avec Ω une constante. Cet écoulement est tourbillonnaire car le rotationnel est non nul. Le rotationnel peut être relié au vecteur $\vec{\Omega}$:

$$\overrightarrow{\mathrm{rot}}\,\vec{v} = \overrightarrow{\mathrm{rot}}(r^2 \frac{\Omega}{r}\vec{e}_\theta) = \overrightarrow{\mathrm{grad}}(r^2) \wedge (\frac{\Omega}{r}\vec{e}_\theta) + r^2 \overrightarrow{\mathrm{rot}}(\frac{\Omega}{r}\vec{e}_\theta) = \overrightarrow{\mathrm{grad}}(r^2) \wedge (\frac{\Omega}{r}\vec{e}_\theta) = 2r\frac{\Omega}{r}(\vec{e}_r \wedge \vec{e}_\theta) \tag{1.90}$$

et donc finalement :

$$\overrightarrow{\mathrm{rot}}\,\vec{v} = \vec{\omega} = 2\Omega\vec{e}_z. \tag{1.91}$$

On retiendra :

La rotation en bloc d'un fluide est décrite par un vecteur rotation $\vec{\Omega}$ uniforme, c'est-à-dire un vecteur vorticité $\vec{\omega} = \overrightarrow{\mathrm{rot}}\vec{v} = 2\vec{\Omega}$ uniforme.

TABLEAU 1.3   **Analogie entre l'écoulement de type rotation en bloc, et le courant électrique à l'intérieur d'un fil épais, rectiligne infiniment long.**

Cinématique des fluides	Magnétostatique
Champ de vitesse : $\vec{v} = \Omega r\vec{e}_\theta$	Modèle du cylindre droit infini parcouru par un courant de densité volumique $\vec{j} = j\vec{e}_z$ constante : $\vec{B} = \dfrac{1}{2}\mu_0 jr\vec{e}_\theta$
On a div $\vec{v} = 0$: l'écoulement est incompressible.	Propriété du champ magnétique : div $\vec{B} = 0$
On peut définir un potentiel vecteur $\vec{\psi}$ tel que $\vec{v} = \overrightarrow{\mathrm{rot}}\psi$, avec de plus $\vec{\psi} = \psi\vec{e}_z$.	Propriété du champ magnétique : $\vec{B} = \overrightarrow{\mathrm{rot}}\vec{A}$ avec $\vec{A} = A\vec{e}_z$
$\overrightarrow{\mathrm{rot}}\vec{v} = 2\Omega\vec{e}_z$.	$\overrightarrow{\mathrm{rot}}\vec{B} = \mu_0\vec{j}$.
Vecteur tourbillon $\vec{\Omega} = \Omega\vec{e}_z$.	Vecteur densité volumique de courant $\vec{j} = j\vec{e}_z$.

Activité 1-23 : Montrer que la fonction de courant ψ est de la forme $\psi = -\dfrac{\Omega r^2}{2} +$ Cste.

1.4.3.3   Champ de vitesse d'un vortex élémentaire

La figure 1.15 montre une tornade. Nous pouvons représenter, de manière élémentaire, cet écoulement par un champ de vitesse de la forme : $\vec{v} = v(r)\vec{e}_\theta$. Nous considérons que la région où il y a rotation en bloc du fluide, est concentrée dans une région centrale (le tuba) de rayon a. Dans cette région ($r \leq a$), le vecteur tourbillon $\vec{\Omega}$ est donc uniforme. En dehors de cette région ($r > a$) nous considérons que le vecteur tourbillon est nul. Soit un cercle centré sur l'axe Oz, de rayon $r > a$. Appliquons le théorème de Stokes le long de ce cercle. On obtient la relation

FIGURE 1.15   Tornade au large de Florida Keys aux États-Unis, en 1969. À l'intérieur de la partie centrale, appelée tuba, visible sur la photographie, l'écoulement est rotationnel. En dehors du tuba, il est irrotationnel. Les vents violents qui soufflent à l'extérieur du tuba, créent à la surface de l'océan des sillons en forme de spirales centrées sur l'axe du tuba.

$2\pi r v = \Gamma$, et donc :

$$\vec{v}(r) = \frac{\Gamma}{2\pi r}\vec{e}_\theta \qquad (1.92)$$

avec Γ la circulation du champ de vitesse le long du cercle. La grandeur Γ est aussi la circulation de la vitesse autour du tuba :

$$\Gamma = \oint \vec{v} \cdot \mathrm{d}\vec{\ell} \qquad (1.93)$$

avec $\mathrm{d}\vec{\ell}$ le vecteur déplacement élémentaire le long de toute courbe fermée qui entoure le tuba. Par ailleurs, dans le modèle élémentaire présenté ici, on a aussi :

$$\Gamma = 2\pi a^2 \Omega. \qquad (1.94)$$

Pour définir cet écoulement, il n'est pas nécessaire de donner les valeurs de a et Ω : il suffit de donner la valeur de Γ.

On peut donc considérer que le tuba est infiniment petit ($a \longrightarrow 0$) et que le vecteur tourbillon est infiniment grand ($\Omega \longrightarrow \infty$) de manière à assurer un produit $2\pi a^2 \Omega$ constant. Cette limite correspond au modèle du vortex élémentaire.

L'écoulement de vortex élémentaire est tourbillonnaire car le rotationnel diverge en O. Il est analogue au champ magnétique créé par un fil infiniment long et

TABLEAU 1.4   **Analogie entre l'écoulement de vortex élémentaire, et le courant électrique dans la région vide autour d'un fil électrique infiniment fin, rectiligne et infiniment long.**

Cinématique des fluides	Magnétostatique
Champ de vitesse : $\vec{v} = \dfrac{\Gamma}{2\pi r}\vec{e}_\theta$ avec Γ la circulation du champ de vitesse autour de l'axe Oz du vortex	Modèle du fil rectiligne infini parcouru par un courant constant : $$\vec{B} = \frac{\mu_0 I}{2\pi r}\vec{e}_\theta = \frac{\alpha}{r}\vec{e}_\theta$$
On a div $\vec{v} = 0$: l'écoulement est incompressible.	Propriété du champ magnétique : div $\vec{B} = 0$
On peut définir un potentiel vecteur $\vec{\psi}$ tel que $\vec{v} = \overrightarrow{\mathrm{rot}}\psi$, avec de plus $\vec{\psi} = \psi\vec{e}_z$.	Propriété du champ magnétique : $\vec{B} = \overrightarrow{\mathrm{rot}}\vec{A}$ avec $\vec{A} = A\vec{e}_z$
En tout point en dehors de l'axe : $\overrightarrow{\mathrm{rot}}\vec{v} = \vec{0}$.	En tout point en dehors du fil : $\overrightarrow{\mathrm{rot}}\vec{B} = \vec{0}$.

parcouru par un courant constant.

Activité 1-24 : Montrer que la fonction de courant ψ est de la forme $\psi = -\dfrac{\Gamma}{2\pi}\ln\left(\dfrac{r}{a}\right)$ avec a une distance quelconque, non nulle.

Remarque   Des lignes de courant courbes n'indiquent pas un écoulement nécessairement rotationnel.

Prenons un exemple. Considérons un lavabo rempli d'eau. Posons une allumette à la surface de l'eau. Lorsque le lavabo se vide, l'allumette décrit une trajectoire en spirale, mais elle ne tourne pas : sa direction est constante. En effet, le champ de vitesse orthoradial $\vec{v} = \dfrac{\Gamma}{2\pi r}\vec{e}_\theta$ est non tourbillonnaire, alors que les lignes de courant sont circulaires. Cet exemple illustre le cas plus général d'un écoulement avec translation circulaire des particules fluides.

EXERCICES 1

Exercice 1-1 : Champs de vitesse de trois écoulements classiques

Pour faire cet exercice, il faut au préalable avoir établi l'expression du tenseur des gradients de vitesse $[G]$ dans les systèmes de coordonnées cylindriques et sphériques. On considère les écoulements suivants :

1. écoulement de Couette cylindrique : $\vec{v} = v\vec{e}_\theta$, avec v de la forme : $v = Ar + \dfrac{B}{r}$

    et A et B deux constantes.

2. écoulement de Poiseuille : $\vec{v} = v\vec{e}_z$, avec v de la forme : $v = v_0 \left(1 - \dfrac{r^2}{R^2} \right)$ et

    v_0 et R deux constantes.

3. écoulement newtonien autour d'une sphère : $\vec{v} = v_r\vec{e}_r + v_\theta\vec{e}_\theta$, avec

$$\left| \begin{aligned} v_r &= v_0 \cos\theta \left(1 - \frac{3R}{2r} + \frac{R^3}{2r^3} \right) \\ v_\theta &= -v_0 \sin\theta \left(1 - \frac{3R}{4r} - \frac{R^3}{4r^3} \right) \end{aligned} \right. \tag{1.95}$$

où v_0 et R sont deux constantes.

Les vitesses des écoulements 1 et 2 sont données dans un système de coordonnées cylindriques adapté au problème. Celles de l'écoulement 3 sont données dans un système de coordonnées sphériques adapté au problème.

Pour chacun de ces trois écoulements, répondre aux questions suivantes.

1. Imaginer un dispositif physique qui permet de créer l'écoulement. Faire un schéma. Sur ce schéma, positionner les axes du système de coordonnées. Interpréter les facteurs constants qui interviennent dans l'expression de la vitesse.

2. Exprimer les tenseurs de déformation $[e]$ et de rotation $[\omega]$. L'écoulement est-il incompressible ? Est-il irrotationnel ?

Solution :

2. Les trois écoulements sont incompressibles et rotationnels.

Exercice 1-2 : Écoulement entre deux cylindres en rotation

On considère un liquide contenu entre deux cylindres coaxiaux $(C1)$ et $(C2)$, de rayons R_1 et R_2 infiniment longs, en rotation : voir figure 3.6. $\vec{\Omega}_1$ et $\vec{\Omega}_2$ sont les vecteurs rotation respectifs de ces cylindres par rapport au référentiel du laboratoire. On cherche le champ de vitesse sous la forme d'un écoulement orthoradial soit : $\vec{v} = v\vec{e}_\theta$, avec v de la forme : $v(r) = Ar + \dfrac{B}{r}$ et A et B deux constantes :

$$A = \frac{R_2^2 \Omega_2 - R_1^2 \Omega_1}{R_2^2 - R_1^2} \quad ; \quad B = \frac{R_1^2 R_2^2}{R_2^2 - R_1^2}(\Omega_1 - \Omega_2) \tag{1.96}$$

Peut-on définir une fonction courant ψ ? Existe-t-il un vecteur tourbillon ?

Solution :

1. La fonction de courant : $\psi = -\dfrac{Ar^2}{2} - B \ln\left(\dfrac{r}{a}\right)$ avec a une distance non nulle.

2. Le vecteur tourbillon : $\vec{\Omega} = \dfrac{1}{2}\overrightarrow{\mathrm{rot}}\,\vec{v} = A\vec{e}_z$.

Exercice 1-3 : Écoulement au-dessus d'une plaque oscillante

On considère un fluide au-dessus d'une plaque plane située dans le plan horizontal Oxy (figure 1.16). Lorsque la plaque est mise en mouvement de translation oscillant, le fluide est entraîné et se met en mouvement. On suppose que le champ eulérien de vitesse en tout point du fluide est de la forme : $\vec{v}(y,t) = v(y,t)\vec{e}_x$ avec $v(y,t) = a\omega e^{-ky}\cos(\omega t - ky)$.

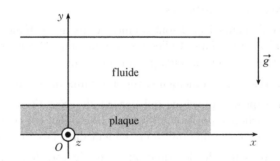

FIGURE 1.16   La plaque oscille parallèlement à la direction Ox. Le fluide est visqueux. Par suite, il est mis en mouvement par les oscillations de la plaque.

---

1. Quelle est la nature des lignes de courant ? Quelle est la nature des trajectoires ?

2. L'écoulement est-il incompressible ? Peut-on définir une fonction de courant ?

3. Cet écoulement est-il irrotationnel ? Est-il tourbillonnaire ? Peut-on définir une fonction potentiel ?

Solution :

1. Les lignes de courants et les trajectoires sont les droites $y = $ Cste.

2. div $\vec{v} = 0$: écoulement incompressible. $\psi(y,t) = -\dfrac{a}{2k}e^{-ky}\big[\cos{(\omega t - ky)} + \sin{(\omega t - ky)}\big] + f(t)$ avec f une fonction du temps seulement.

3. L'écoulement est rotationnel et tourbillonnaire : pas de fonction potentiel.

Exercice 1-4 : Modélisation de l'écoulement d'un fleuve

Un dièdre est une région connexe de l'espace limitée par deux plans. On étudie ici l'écoulement d'un fluide dans un dièdre dont les deux plans forment un angle noté α (figure 1.17). Le fluide pénètre dans le dièdre avec une vitesse initiale $\vec{v_0} = -v_0\vec{e}_x$, la constante v_0 étant positive. Il se trouve alors à la distance a de l'arête Oz du dièdre. On fait plusieurs hypothèses :

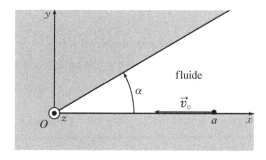

FIGURE 1.17   Dièdre d'angle α. L'axe Oz est l'arête du dièdre. Le fluide occupe tout l'intérieur du dièdre. Au point de coordonnées $(a,0,0)$, sa vitesse $\vec{v_0}$ est supposée connue.

— Hypothèse 1 : L'écoulement est incompressible, irrotationnel et permanent ;

— Hypothèse 2 : On néglige les effets de bords dans la direction Oz.

1. Montrer que l'écoulement est potentiel. On note φ le potentiel des vitesses.

2. On cherche une solution sous la forme $\varphi(r,\theta) = f(r)g(\theta)$. Montrer que g est de la forme

$$g(\theta) = A\cos\left(p\frac{\pi}{\alpha}\theta\right)$$

avec p un entier non nul.

On observe que la vitesse serait purement radiale si $\theta = \dfrac{\alpha}{p}$, pour toute valeur positive non nulle de l'entier p.

Dans la suite (sauf dans la dernière question), nous nous limitons au cas $p = 1$. On a dans ce cas $g(\theta) = A\cos\left(\dfrac{\pi}{\alpha}\theta\right)$, soit $k = \dfrac{\pi}{\alpha}$.

On cherche f sous la forme $f(r) = Cr^n$ avec C une constante, et n un nombre réel.

3. Exprimer n en fonction de α. Indication : Montrer d'abord que n est strictement positif.

4. Déterminer entièrement φ à l'aide des conditions aux limites.

5. Étudier les deux cas $\alpha < \pi$ et $\alpha > \pi$. Appliquer ces résultats au cas d'un fleuve à un endroit où il change de direction. Tracer l'allure des lignes de courant.

6. Comment déterminer les solutions pour toute valeur (entière strictement positive) de p ? Comment interpréter ces solutions ?

Solution détaillée :

1. L'écoulement étant incompressible, on a div $\vec{v} = 0$. L'écoulement étant irrotationnel, il existe une fonction potentiel φ dont dérive la vitesse : $\vec{v} = \overrightarrow{\mathrm{grad}}\varphi$.

2. On déduit des deux équations précédentes que φ est solution de l'équation de Laplace : $\Delta\varphi = 0$.
L'équation de Laplace, en tenant compte du formulaire d'analyse vectorielle,
s'écrit alors : $\dfrac{1}{r}f'(r)g(\theta) + f''(r)g(\theta) + \dfrac{1}{r^2}f(r)g''(\theta) = 0$. En des points où
les fonctions f et g ne s'annulent pas, on a : $\dfrac{rf'(r) + r^2 f''(r)}{f(r)} = -\dfrac{g''(\theta)}{g(\theta)}$. On
reconnaît une équation entre deux fonctions de variables différentes, ce qui entraîne que les deux fonctions sont égales à la même valeur constante.

Si cette constante est positive, écrivons la k^2 avec k un réel positif. On a en particulier que $g'' + k^2 g = 0$, ce qui entraîne que g est une fonction harmonique.

Si cette constante est négative, écrivons la $-k^2$ avec k un réel positif. On a en particulier que $g'' - k^2 g = 0$, ce qui entraîne que g est de la forme $g(\theta) = Ae^{-k\theta} + Be^{+k\theta}$.

Considérons les conditions aux limites sur les plans du dièdre : la vitesse est alors parallèle à ces plans, et on a $\vec{v} \cdot \vec{e}_\theta = 0$ en ces points, c'est-à-dire $v_\theta = \dfrac{1}{r}\dfrac{\partial\varphi}{\partial\theta} = \dfrac{1}{r}f(r)g'(\theta) = 0$, et donc $g'(\theta) = 0$, et cela pour $\theta = 0$ et pour $\theta = \alpha$. Cette condition ne peut pas être vérifiée dans le cas où g serait de la forme $g(\theta) = Ae^{-k\theta} + Be^{+k\theta}$. On en déduit que la constante est positive, et que g est de la forme $g(\theta) = A\cos(k\theta) + B\sin(k\theta)$. On doit avoir de plus : $\begin{vmatrix} g'(0) = 0 \\ g'(\alpha) = 0 \end{vmatrix}$, d'où $B = 0$ et $\sin(k\alpha) = 0$ c'est-à-dire $k = p\dfrac{\pi}{\alpha}$ avec p un entier naturel non nul. Finalement il vient :

$$g(\theta) = A \cos\left(p\frac{\pi}{\alpha}\theta\right).$$

3. La fonction f est quant à elle solution de $\dfrac{rf'(r) + r^2 f''(r)}{f(r)} = k^2$ c'est-à-dire

$$rf'(r) + r^2 f''(r) - \frac{\pi^2}{\alpha^2} f(r) = 0.$$

Nous pouvons identifier une condition vérifiée par n, en écrivant que le débit volumique au voisinage de O est fini. Considérons la surface définie par $\theta = \dfrac{\alpha}{2}$ et $0 \ll r \ll r_0$ avec r_0 une distance non nulle. Le flux de la vitesse à travers cette surface, calculé par $\vec{v_\theta}$, est proportionnel à $\displaystyle\int_0^{r_0} \frac{f(r)}{r} \mathrm{d}r = C \int_0^{r_0} r^{n-1} \mathrm{d}r$.

Ce flux est fini, donc il est nécessaire que cette intégrale converge, ce qui impose : $n > 0$.

L'équation différentielle vérifiée par f conduit à l'équation algébrique vérifiée par n : $n^2 - \dfrac{\pi^2}{\alpha^2} = 0$. Le nombre n est strictement positif, donc cette équation admet pour unique solution (ayant une signification physique) : $n = \dfrac{\pi}{\alpha}$, soit $f(r) = Cr^{\pi/\alpha}$.

4. On en déduit φ sous la forme $\varphi(r,\theta) = Dr^{\pi/\alpha} \cos\left(\dfrac{\pi\theta}{\alpha}\right)$ avec D constante,

d'où la vitesse $\vec{v} \begin{vmatrix} \dfrac{\partial\varphi}{\partial r} \\ \dfrac{1}{r}\dfrac{\partial\varphi}{\partial\theta} \end{vmatrix}$ c'est-à-dire :

$$\vec{v} \begin{vmatrix} D\dfrac{\pi}{\alpha}r^{\frac{\pi}{\alpha}-1}\cos\left(\dfrac{\pi\theta}{\alpha}\right) \\[2ex] -D\dfrac{\pi}{\alpha}r^{\frac{\pi}{\alpha}-1}\sin\left(\dfrac{\pi\theta}{\alpha}\right) \end{vmatrix} \qquad (1.97)$$

Les conditions aux limites s'écrivent : $v_r = -v_0, v_\theta = 0$ pour $r = a, \theta = 0$, ainsi $D\dfrac{\pi}{\alpha}a^{\frac{\pi}{\alpha}-1} = -v_0$ et donc $D = -v_0\dfrac{\alpha}{\pi}a^{1-\frac{\pi}{\alpha}}$. On a finalement l'expression de la vitesse sous la forme :

$$\vec{v} = -v_0 \left(\frac{r}{a}\right)^{\frac{\pi}{\alpha}-1} \begin{vmatrix} \cos\left(\dfrac{\pi\theta}{\alpha}\right) \\ -\sin\left(\dfrac{\pi\theta}{\alpha}\right) \end{vmatrix} \tag{1.98}$$

5. Considérons le cas $\alpha < \pi$. Dans la limite des petites valeurs de r, on observe que la vitesse tend vers 0. Cela correspond au fait que les lignes de courant s'écartent les unes des autres, au voisinage de l'arête du dièdre. On interprète ainsi la sédimentation le long des berges.

   Considérons le cas $\alpha > \pi$. Dans la limite des petites valeurs de r, on observe que la vitesse tend vers l'infini. Cela correspond au fait que les lignes de courant se resserrent au voisinage de l'arête du dièdre. On interprète ainsi l'érosion des berges. Voir les champs de vitesses dans Figure 1.18.

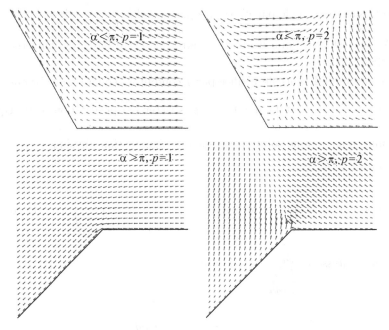

FIGURE 1.18   Les champs de vitesses pour différentes valeurs d'angle de dièdre et différentes valeurs de p.

6. Dans cette étude, nous avons choisi de considérer que la solution du problème φ est la fonction définie pour un entier $p = 1$. Notons φ_1 cette fonction. En fait, il existe une solution φ_p de l'équation de Laplace : $\Delta\varphi = 0$ pour tout entier $p \geq 1$. Cette solution vérifie la condition de vitesse orthoradiale nulle pour $\theta = 0$ et pour $\theta = \alpha$. Elle vérifie aussi le fait que le débit volumique est fini au voisinage de O.

Par suite, toute fonction φ de la forme $\varphi = \sum_{p \geq 1} \varphi_p$ est une solution de l'équation de Laplace, qui vérifie la condition de vitesse orthoradiale nulle pour $\theta = 0$ et pour $\theta = \alpha$. Une fonction de cette forme assure aussi que le débit volumique est fini au voisinage de O. Pour déterminer complètement cette fonction, la donnée de conditions aux limites est nécessaire.

Exercice 1-5 : Écoulement potentiel autour d'une sphère

Un fluide incompressible s'écoule autour d'une sphère solide de centre O et de rayon R. Loin de la sphère, le champ des vitesses est uniforme et s'écrit : $\vec{v}_0 = v_0 \vec{e}_z$. On suppose que l'écoulement est irrotationnel. On note Φ le potentiel de vitesse. On utilise les coordonnées sphériques (r, θ, φ) de centre O et d'axe Oz.

1. Établir l'équation différentielle vérifiée par le potentiel Φ.
2. Quel serait le potentiel, noté Φ_0, si l'écoulement n'était pas perturbé par la sphère ?

On suppose que la solution de l'équation différentielle est de la forme :

$$\Phi(r, \theta, \varphi) = \Phi_0(r, \theta, \varphi) + K \frac{\cos \theta}{r^n}$$

avec K et n des constantes.

3. Montrer que $n = 2$. Exprimer la vitesse en tout point du fluide.
4. Vérifier que cette solution vérifie les conditions aux limites du problème physique.
5. En quels points la vitesse est-elle minimale ? Maximale ? Exprimer ses valeurs en ces points.

Solution détaillée :

1. L'écoulement est irrotationnel, donc il existe une fonction scalaire Φ telle que $\vec{v} = \overrightarrow{\text{grad}}\Phi$. L'écoulement est incompressible donc $\Delta\Phi = 0$. L'écoulement est donc potentiel.
L'écoulement étant invariant par rotation autour de l'axe Oz, on peut considérer que Φ ne dépend pas de l'angle φ, c'est-à-dire que $\sin\theta \dfrac{\partial(r^2 \frac{\partial\Phi}{\partial r})}{\partial r} + \dfrac{\partial(\sin\theta \frac{\partial\Phi}{\partial\theta})}{\partial\theta} = 0$.

2. Si l'écoulement n'était pas perturbé par la sphère, alors la vitesse serait un champ constant $\vec{v} = v_0 \vec{e}_z$. L'écoulement est potentiel et dérive du potentiel Φ_0 tel que $\overrightarrow{\text{grad}}\Phi_0 = v_0 \vec{e}_z$. Il vient que $\Phi_0 = v_0 z + $Cste. Si nous considérons maintenant Φ_0 comme une fonction des variables dans le système sphérique, on obtient : $\Phi_0 = v_0 r \cos\theta + $Cste.

3. La fonction qui à (r,θ) associe le réel $K\dfrac{\cos\theta}{r^n}$, avec K et n des constantes, doit vérifier l'équation de Laplace. En coordonnées sphériques, cela entraîne après calcul : $n(n-1)=2$, et donc $n=2$ ou $n=-1$. La fonction Φ correspond à une vitesse de la forme $\vec{v}(r,\theta)=\cos\theta(v_0-\dfrac{nK}{r^{n+1}})\vec{e}_r-\sin\theta(v_0+\dfrac{K}{r^{n+1}})\vec{e}_\theta$. Si $n=-1$ alors la vitesse ne dépend pas de r, ce qui n'est pas acceptable physiquement. Conclusion : $n=2$.

   On en déduit la vitesse en tout point du fluide : $\vec{v}(r,\theta)=v_0\cos\theta(1-\dfrac{R^3}{r^3})\vec{e}_r-v_0\sin\theta(1+\dfrac{R^3}{2r^3})\vec{e}_\theta$.

4. Sur la sphère de rayon R, on doit avoir que la vitesse est tangentielle, c'est-à-dire que $v_0-\dfrac{2K}{R^3}=0$ pour tout θ. Cette condition est réalisée si l'on prend K tels que $\dfrac{2K}{R^3}=v_0$. Loin de la sphère, on doit avoir que $\vec{v}_{tot}(r=\infty,\theta)=v_0\cos\theta\vec{e}_r-v_0\sin\theta\vec{e}_\theta$. Cette condition est également réalisée.

5. La vitesse est nulle sur la sphère aux deux points de coordonnées $(r=R,\theta=0)$ et $(r=R,\theta=\pi)$: il s'agit de points d'arrêt du fluide. La vitesse est maximale aux point de coordonnées $(r=R,\theta=\pi/2)$. Il s'agit de tous les points sur le cercle parallèle au plan Oxy et centré sur O. En ces points, on a $\vec{v}_{\max}=\dfrac{3}{2}v_0\vec{e}_z$.

Exercice 1-6 : Étude d'un champ scalaire

Considérons un champ scalaire U défini, dans le repère cartésien $(O,\vec{e}_x,\vec{e}_y,\vec{e}_z)$, par l'expression $U(x,y,z)=x(y-1)+y^2(z-1)+z^3$.

1. Exprimer $\overrightarrow{\mathrm{grad}}U$ et ΔU.

   On se restreint maintenant au plan $z=0$. La fonction U restreinte à ce plan est notée U_r, et on a donc : $U_r(x,y)=x(y-1)-y^2$.

2. Exprimer $\overrightarrow{\mathrm{grad}}U_r$. Quelle relation lie $\overrightarrow{\mathrm{grad}}U$ et $\overrightarrow{\mathrm{grad}}U_r$?

3. Écrire l'équation différentielle (E) vérifiée par les lignes du champ $\overrightarrow{\mathrm{grad}}U_r$.

4. Donner l'équation vérifiée par les lignes équi-U_r. Quelle relation existe-t-il entre ces lignes et les du champ $\overrightarrow{\mathrm{grad}}U_r$?

Solution :

1. $\overrightarrow{\mathrm{grad}}U=(y-1)\vec{e}_x+(x+2y(z-1))\vec{e}_y+(y^2+3z^2)\vec{e}_z$ et $\Delta U=8z-2$.

2. $\overrightarrow{\text{grad}}U_r = (y-1)\vec{e}_x + (x-2y)\vec{e}_y$. La projection orthogonale de $\overrightarrow{\text{grad}}U(x,y,0)$ sur le plan z=0 est le vecteur $\overrightarrow{\text{grad}}U_r$.

3. (E) s'écrit sous la forme $\dfrac{\mathrm{d}x}{y-1} = \dfrac{\mathrm{d}y}{x-2y}$, ou $y'(y-1) + 2y - x = 0$. Cette équation différentielle n'est pas linéaire. Mais l'énoncé ne demande pas sa résolution.

4. Les lignes équi-U_r ont une équation de la forme $x(y-1) - y^2 =$Cste. Ces lignes sont orthogonales aux lignes du champ $\overrightarrow{\text{grad}}U_r$.

Exercice 1-7 : Étude d'un champ vectoriel

Considérons le champ vectoriel $\vec{W}$ défini, dans le repère cartésien $(O, \vec{e}_x, \vec{e}_y, \vec{e}_z)$, par l'expression $\vec{W}(x,y,z) = -x\vec{e}_x + y^2(z-1)\vec{e}_y + z^3\vec{e}_z$.

1. Exprimer div $\vec{W}$ et $\overrightarrow{\text{rot}}\vec{W}$.

   On se restreint maintenant au plan z $= 0$. La fonction $\vec{W}$ restreinte à ce plan est notée $\vec{W}_r$, et on a donc : $\vec{W}_r(x,y,z) = -x\vec{e}_x - y^2\vec{e}_y$.

2. Montrer que le champ $\vec{W}_r$ dérive d'un potentiel au sens du gradient, que l'on notera φ. Exprimer $\varphi(x,y)$.

3. Donner l'équation des lignes du champ $\vec{W}_r$.

4. Donner l'équation des lignes équi-φ. Quelle relation y a-t-il entre ce réseau de courbes et le réseau des lignes de champ ?

Solution :

1. div $\vec{W} = -1 + 2y(z-1) + 3z^2$ et $\overrightarrow{\text{rot}}\vec{W} = -y^2\vec{e}_x$.

2. Le calcul conduit à $\overrightarrow{\text{rot}}\vec{W}_r = \vec{0}$, donc le champ $\vec{W}_r$ dérive d'un potentiel au sens du gradient : $\vec{W}_r = \overrightarrow{\text{grad}}\varphi$. On pose les équations différentielles scalaires associées à cette équation vectorielle, et on trouve : $\varphi(x,y) = -\dfrac{x^2}{2} - \dfrac{y^3}{3}$+Cste.

3. Les lignes du champ $\vec{W}_r$ ont pour équation $y = \dfrac{1}{\text{Cste} - \ln|x|}$.

4. Équation des lignes équi-φ : $\dfrac{x^2}{2} + \dfrac{y^3}{3} = $ Cste. Les lignes équi-φ et les lignes de champ $\vec{W}_r$ sont orthogonales.

Exercice 1-8 : Tornade et vortex

On décrit une tornade par un écoulement incompressible à symétrie cylindrique autour d'un axe Oz, décrit en coordonnées cylindriques par un champ de vitesse de forme $\vec{v} = v(r)\vec{e}_\theta$ et un vecteur tourbillon $\vec{\Omega} = \Omega\vec{e}_z$, qui est uniforme au sein de la tornade (dans le cylindre de rayon $r \leq a$) et nul ailleurs ($r > a$). Les écoulements dans une tornade sont schématisés en Figure 1.19.

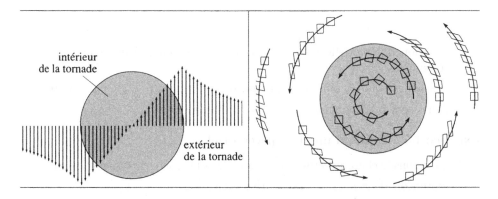

FIGURE 1.19   Les écoulements dans une tornade

1. Établir l'expression de la vitesse en tout point de l'espace. Où la norme de la vitesse est-elle maximale ? Idée : on pourra utiliser le théorème de Stokes.

   On appelle vortex le cas limite obtenu lorsque a tend vers zéro et Ω tend vers l'infini, de sorte que le produit Ωa^2 est une constante, soit $\Omega a^2 = \dfrac{\Gamma}{2\pi}$ où Γ est une constante finie.

2. Déterminer le champ de vitesse du vortex pour tout r différent de zéro.

3. Chercher un potentiel de vitesse φ tel que $\vec{v} = \overrightarrow{\text{grad}}\varphi$ pour tout r non nul.

4. Comparer $\varphi(r, \theta = 0)$ et $\varphi(r, \theta = 2\pi)$ et conclure.

5. Comparer le champ de vitesse du vortex avec le champ magnétique créé par un fil rectiligne infini parcouru par un courant d'intensité constante I.

Solution détaillée :

1. À l'intérieur du cylindre, le fluide tourne comme un solide puisque $\vec{\Omega} = \Omega\vec{e}_z$ est uniforme. Le champ des vitesses est donc solution de l'équation $\overrightarrow{\text{rot}}\vec{v} = 2\Omega\vec{e}_z$, c'est-à-dire $\dfrac{1}{r}\dfrac{\partial(rv)}{\partial r} = 2\Omega$, ce que l'on intègre en $v = r\Omega$, en utilisant le fait que la vitesse ne peut pas diverger en $r = 0$. D'où le champ de vitesse : $\vec{v} = r\Omega\vec{e}_\theta$. À l'extérieur du cylindre, considérons un cercle parallèle au plan Oxy, centré sur l'axe Oz, de rayon r, orienté par le vecteur $\vec{e}_z$. Appliquons le théorème de Stokes à ce contour, il vient que $2\pi r v = 2\pi a^2 \Omega$, d'où $\vec{v} = \dfrac{a^2\Omega}{r}\vec{e}_\theta$.

   Remarque : le facteur 2, dans le membre de droite, correspond au fait que le vecteur $\overrightarrow{\text{rot}}\vec{v}$ vaut $2\Omega\vec{e}_z$, et donc son flux à travers le disque de rayon r, vaut

$2\pi a^2 \Omega$. On constate qu'il y a continuité de la vitesse au niveau de la surface du cylindre $(r = a)$. La norme de la vitesse est maximale en $r = a$.

2. En tout point hors de l'axe Oz, on a $\vec{v} = \dfrac{\Gamma}{2\pi r}\vec{e_\theta}$.

3. Puisque l'écoulement est irrotationnel en dehors de l'axe, il existe un potentiel de vitesse φ tel que $\vec{v} = \overrightarrow{\text{grad}}\varphi$ pour tout r non nul. Ce potentiel est tel que $\dfrac{\partial\varphi}{\partial r}\vec{e_r} + \dfrac{1}{r}\dfrac{\partial\varphi}{\partial\theta}\vec{e_\theta} + \dfrac{\partial\varphi}{\partial z}\vec{e_z} = \dfrac{\Gamma}{2\pi r}\vec{e_\theta}$, et donc φ ne dépend que de θ, et l'on a :
$\varphi(\theta) = \dfrac{\Gamma}{2\pi}\theta + \text{Cste}$.

4. On constate que $\varphi(2\pi) - \varphi(0) = \Gamma$, c'est-à-dire que Γ représente la circulation du champ de vitesse pour un tour effectué autour de l'axe Oz. Le champ des vitesses est donc à **circulation non conservative**.

5. $\vec{B} = \dfrac{\mu_0 I}{2\pi r}\vec{e_\theta}$. La quantité $\mu_0 I$ est l'analogue de la quantité Γ. Le champ magnétostatique est à circulation non conservative.

Exercice 1-9 : Solide de Rankine

On considère la superposition de deux écoulements permanents incompressibles : le premier produit par une source ponctuelle, et le second uniforme. La source ponctuelle est placée au point O. L'écoulement qu'elle crée est isotrope. L'écoulement uniforme est tel que la vitesse vaut une constante $\vec{v_2}$ en tout point à tout instant. On appelle Oz l'axe passant par O, parallèle à $\vec{v_2}$ et orienté dans le sens de $\vec{v_2}$. On a donc $\vec{v_2} = v_0\vec{e_z}$ avec $v_0 > 0$.

On se place dans le système des coordonnées sphériques de centre O et d'axe Oz.

1. Déterminer le champ de vitesse.

2. L'écoulement est-il potentiel ? Si oui, exprimer son potentiel φ.

3. Établir l'équation des lignes de courant.

   On appelle point d'arrêt un point de l'écoulement où la vitesse du fluide est nulle.

4. Montrer qu'il existe un point d'arrêt. Déterminer l'équation des lignes de courant passant par ce point.

   On obtient le même écoulement en plaçant dans un écoulement uniforme un solide dont la forme est définie à partir des lignes de courant étudiées précédemment. Ce solide est appelé « solide de Rankine ».

5. Décrire la forme de ce solide.

Solution détaillée :

1. Le champ de vitesse $\vec{v}_1$ créé par la source quasi-ponctuelle est isotrope, et donc est de la forme $\vec{v}_1 = v_1(r)\vec{e}_r$. L'écoulement est incompressible, donc le débit volumique est le même à travers toute surface fixe et fermée entourant le point O. On trouve sans difficulté :

$$\vec{v}_1 = \frac{K}{4\pi r^2}\vec{e}_r \qquad (1.99)$$

avec K le débit volumique. Le champ de vitesse total est :

$$\vec{v} = \frac{K}{4\pi r^2}\vec{e}_r + v_0\vec{e}_z = \left(\frac{K}{4\pi r^2} + v_0\cos\theta\right)\vec{e}_r - v_0\sin\theta\vec{e}_\theta. \qquad (1.100)$$

2. L'écoulement 1 est irrotationnel en dehors de la source, et de même l'écoulement 2, donc l'écoulement total est irrotationnel. L'écoulement est donc potentiel.

Soit φ la fonction potentiel associée. On a par superposition :

$$\varphi = \varphi_1 + \varphi_2 \qquad (1.101)$$

avec

$$\varphi_1 = -\frac{K}{4\pi r} \text{ et } \varphi_2 = v_0 z = v_0 r\cos\theta. \qquad (1.102)$$

3. Utilisons les coordonnées sphériques. La vitesse a pour expression

$$\vec{v} = \left(\frac{K}{4\pi r^2} + v_0\cos\theta\right)\vec{e}_r - v_0\sin\theta\vec{e}_\theta.$$

Les lignes de courant sont définies par l'équation différentielle

$$\frac{\mathrm{d}r}{\dfrac{K}{4\pi r^2} + v_0\cos\theta} + \frac{r\mathrm{d}\theta}{v_0\sin\theta} = 0$$

ou

$$\frac{K}{4\pi r}\mathrm{d}\theta + rv_0\cos\theta\mathrm{d}\theta + v_0\sin\theta\mathrm{d}r = 0.$$

Multiplions cette égalité terme à terme par $r\sin\theta$, il vient :

$$\frac{K}{4\pi}\sin\theta\mathrm{d}\theta + r^2 v_0\sin\theta\cos\theta\mathrm{d}\theta + rv_0\sin^2\theta\mathrm{d}r = 0,$$

que nous intégrons sous la forme :

$$-\frac{K}{4\pi}\cos\theta + \frac{1}{2}r^2 v_0\sin^2\theta = \text{Cste}. \qquad (1.103)$$

C'est l'équation d'une surface de l'espace en coordonnées sphériques. Cette équation ne fait pas intervenir l'angle azimutal : elle admet une symétrie de révolution autour de l'axe Oz. C'est normal, puisque les deux écoulements superposés ont également cette symétrie.

4. Supposons K et v_0 positifs. Le point de coordonnées

$$(r = R, \theta = \pi) \text{ avec } R = \sqrt{\frac{K}{4\pi v_0}} \tag{1.104}$$

est un point d'arrêt du fluide. La valeur de la constante, pour une ligne de courant passant en ce point, est donc $\dfrac{K}{4\pi}$.

D'où l'équation d'une ligne de courant passant par le point d'arrêt :

$$-\frac{K}{4\pi}\cos\theta + \frac{1}{2}r^2 v_0 \sin^2\theta = \frac{K}{4\pi} \tag{1.105}$$

que l'on peut réécrire sous la forme :

$$r(\theta) = \sqrt{2}R\frac{\sqrt{1+\cos\theta}}{\sin\theta} = \frac{R}{\sin(\theta/2)} \tag{1.106}$$

Dans la limite où r est infini, θ tend vers 0 : loin de la source, les lignes de courant sont des droites parallèles à l'axe Oz.

5. Il existe une infinité de lignes de courant passant par le point d'arrêt, et cette infinité correspond à une surface obtenue par rotation de la courbe d'équation $r(\theta)$ autour de l'axe Oz. Il est possible de matérialiser cette surface, en considérant que c'est la surface d'un solide : le solide de Rankine.

Sur la figure 1.20 on a représenté le profil du solide. Ce profil limite deux régions de l'écoulement : une région où le terme de vitesse uniforme est prépondérant, une région où le terme de source ponctuelle est prépondérant.

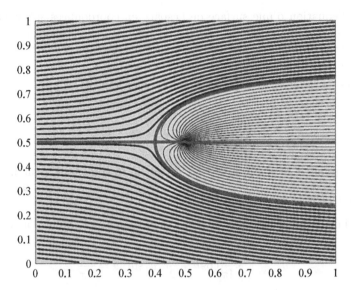

FIGURE 1.20   Superposition d'un écoulement uniforme et d'un écoulement de source
ponctuelle. Sur cette image, l'écoulement uniforme est parallèle à l'axe horizontal, et dirigé de la
gauche vers la droite. La source ponctuelle est en $O(0,5; 0,5)$. Le profil du solide de Rankine est
représenté par la courbe rouge grasse.

Chapitre 2

DYNAMIQUE DES FLUIDES PARFAITS

La dynamique a pour objet de relier les mouvements observés dans le système aux forces qui s'exercent sur le système. En mécanique des fluides, il faut considérer :

- Les forces volumiques, comme le poids, la force de Lorentz, les forces d'inertie, ..., qui agissent en tout point dans le volume du fluide ;
- Les forces de surface, exercées par l'extérieur sur la surface qui délimite le volume de fluide étudié.

2.1 FORCES DANS UN FLUIDE

2.1.1 Forces volumiques

Un élément de fluide de volume $d\tau$ est soumis à des forces volumiques. Ces actions sont ressenties par toutes les particules fluides à l'intérieur de ce volume, et elles sont proportionnelles à la quantité des particules considérées, donc au volume élémentaire $d\tau$ considéré. Nous les écrirons sous la forme :

$$\text{force volumique élémentaire} \quad : \quad \vec{f_v}d\tau \tag{2.1}$$

avec $\vec{f_v}$ la densité volumique des forces de volume.

Si par exemple la seule force de volume est le poids, alors la densité volumique des force de volume s'écrit $\vec{f_v} = \rho\vec{g}$ avec ρ la masse volumique du fluide, et $\vec{g}$ l'accélération de la pesanteur locale.

Il est également possible de définir la densité **massique** des force de volume $\vec{f_m}$ par la relation :

$$\text{force volumique élémentaire} \quad : \quad \vec{f_m}dm = \rho\vec{f_m}d\tau \tag{2.2}$$

avec dm la masse de la particule fluide. On a donc la relation :

$$\vec{f_v} = \rho\vec{f_m}. \tag{2.3}$$

Dans le cas où la seule force de volume est le poids, alors la densité massique des force de volume s'écrit $\vec{f}_m = \vec{g}$.

2.1.2   Forces surfaciques

2.1.2.1   *Contraintes*

Délimitons, à l'intérieur d'un fluide, une surface fermée fictive (Σ). Cette surface orientée de l'intérieur vers l'extérieur. Les particules de fluide extérieures à (Σ) exercent des actions sur les particules intérieures. Ces actions sont à courte portée ; elles sont limitées au voisinage de la surface (Σ). Soit un élément de surface $\mathrm{d}S$ de (Σ), au voisinage d'un point M de la surface. On définit le vecteur surface élémentaire $\mathrm{d}\vec{S} = \mathrm{d}S\vec{n}$ avec $\vec{n}$ un vecteur unitaire, normal à la surface S en M, orienté de l'intérieur vers l'extérieur. Notons $\mathrm{d}\vec{F}$ la résultante des forces exercées par les particules externes sur les particules internes au voisinage de M. Un schéma est fourni en Figure 2.1. Cette résultante est la force de surface exercée sur la surface élémentaire $\mathrm{d}S$ de la part du fluide extérieur, sur le fluide intérieur.

Le quotient

$$\vec{\sigma}(M, \mathrm{d}\vec{S}) = \frac{\mathrm{d}\vec{F}}{\mathrm{d}S} \tag{2.4}$$

est une grandeur locale intensive, adaptée à la description locale de la force. La grandeur $\vec{\sigma}(M, \mathrm{d}\vec{S})$ est appelée **contrainte** exercée en M sur l'élément de surface $\mathrm{d}\vec{S}$.

2.1.2.2   *Fluide parfait, écoulement parfait*

> Dans un **fluide parfait**, les couches fluides glissent les unes sur les autres sans frottements. On dit aussi que le fluide est non visqueux, c'est-à-dire que sa viscosité est négligeable.

Le gaz parfait est un exemple de fluide parfait.

> Un fluide réel est en **écoulement parfait** si tous les phénomènes de diffusion dans le fluide sont négligeables, en particulier la diffusion due à la viscosité.

La viscosité est en effet un phénomène de diffusion de la quantité de mouvement. Nous le verrons dans le chapitre 3. Dans un écoulement parfait, les effets de la viscosité sont négligeables. De plus, il n'y a pas de diffusion thermique, et les causes d'irréversibilité sont négligées : les particules de fluide évoluent donc de manière adiabatique et réversible, c'est-à-dire isentropique.

Remarque   Un fluide parfait est en écoulement parfait.

À partir de maintenant et jusqu'à la fin de ce chapitre, nous considérons que le fluide est parfait.

Pour un fluide parfait, la force de surface exercée sur la surface élémentaire $\mathrm{d}S$ au voisinage de M, est uniquement la force de pression. Elle s'écrit

$$\mathrm{d}\vec{F} = -P \times \mathrm{d}\vec{S} \tag{2.5}$$

avec P la pression, et $\vec{n}$ un vecteur unitaire, normal à la surface S en M.

La contrainte est uniquement une contrainte de pression. Elle est normale :

$$\vec{\sigma}(M, \mathrm{d}\vec{S}) = -P(M)\vec{n} \tag{2.6}$$

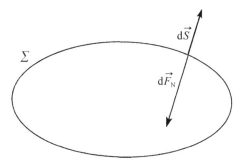

FIGURE 2.1   Un fluide parfait occupe une région de l'espace. La surface fermée (Σ), dans cette région, contient du fluide. Localement en un point M de (Σ), s'applique une force de surface $\mathrm{d}\vec{F}$ normale à la surface : cette force est une force de pression.

2.1.2.3   *Équivalents volumique et massique des forces de pression*

Exprimons la résultante $\mathrm{d}\vec{F}_N$ des forces de pression s'exerçant sur le parallélé-pipède élémentaire de fluide de volume $\mathrm{d}\tau = \mathrm{d}x\mathrm{d}y\mathrm{d}z$, illustrée en Figure 2.2. La composante de la force sur le vecteur $\vec{e}_x$ est $\mathrm{d}F_{N,x} = P(x)\mathrm{d}y\mathrm{d}z - P(x+\mathrm{d}x)\mathrm{d}y\mathrm{d}z = -\dfrac{\partial P}{\partial x}\mathrm{d}x\mathrm{d}y\mathrm{d}z$. Il en est de même pour les deux autres composantes, et donc le

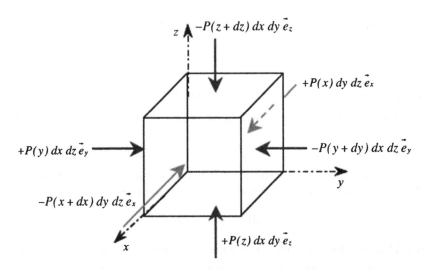

FIGURE 2.2   Particule fluide de forme parallélépipédique, et forces de pression appliquées sur chaque face.

vecteur force $\mathrm{d}\vec{F}_N$ s'écrit :

$$\mathrm{d}\vec{F}_N = -\left(\frac{\partial P}{\partial x}\vec{e}_x + \frac{\partial P}{\partial y}\vec{e}_y + \frac{\partial P}{\partial z}\vec{e}_z\right)\mathrm{d}x\mathrm{d}y\mathrm{d}z \qquad (2.7)$$

soit $\mathrm{d}\vec{F}_N = -\overrightarrow{\mathrm{grad}}P\mathrm{d}\tau$.

> On obtient donc une expression de la **densité volumique des forces de pression**
>
> $$\frac{\mathrm{d}\vec{F}}{\mathrm{d}\tau} = -\overrightarrow{\mathrm{grad}}P. \qquad (2.8)$$

Il est également possible de définir une fonction **densité massique des forces de pression**

$$\frac{1}{\rho}\frac{\mathrm{d}\vec{F}}{\mathrm{d}\tau} = -\frac{1}{\rho}\overrightarrow{\mathrm{grad}}P \qquad (2.9)$$

2.2   ÉQUATION D'EULER

2.2.1 Application du principe fondamental de la dynamique

Nous prenons comme système la particule fluide. Ce système étant fermé, nous pouvons lui appliquer les résultats vus en dynamique du point matériel.

Le fluide est parfait, donc les forces de surface se résument aux forces de pression. Le bilan des forces exercées sur le système comporte la résultante des forces de volume $\vec{f}_v \mathrm{d}\tau$, et la force de pression $-\overrightarrow{\mathrm{grad}}P\mathrm{d}\tau$.

2.2.1.1 Dans un référentiel galiléen

Supposons le référentiel galiléen, et appliquons au système le principe fondamental de la dynamique :

$$\rho\frac{\mathrm{d}\vec{v}}{\mathrm{d}t} = \vec{f}_v - \overrightarrow{\mathrm{grad}}P \quad \text{avec} \quad \frac{\mathrm{d}\vec{v}}{\mathrm{d}t} \text{ l'accélération particulaire.} \tag{2.10}$$

Ceci est l'équation d'Euler.

Le terme de dérivation convective est non linéaire par rapport à la vitesse, et donc cette équation différentielle n'est pas linéaire. Il faut en général, afin de trouver des solutions analytiques du problème, la simplifier en faisant des approximations.

Considérons le cas particulier de la statique des fluides : le fluide est au repos et donc le champ de vitesse est uniformément nul. On suppose de plus que la seule force en volume est le poids. L'équation d'Euler s'écrit alors : $\overrightarrow{\mathrm{grad}}P = \rho\vec{g}$.

Projetons cette équation sur les directions horizontales :

$$\frac{\partial P}{\partial x} = \frac{\partial P}{\partial y} = 0. \tag{2.11}$$

La pression est indépendante de x et de y, donc elle ne dépend que de la variable z. Projetons cette équation sur la direction verticale ascendante :

$$\frac{\mathrm{d}P}{\mathrm{d}z} + \rho g = 0. \tag{2.12}$$

C'est l'équation locale de la statique des fluides, dans le cas où le poids est la seule force en volume.

Si l'on suppose que le liquide est incompressible, alors ρ est indépendante de l'altitude z, et la différence de pression ΔP entre deux points dont les altitudes sont séparés de la distance h, est : $\Delta P = -\rho g h$. Le signe $-$ exprime le fait que la pression diminue quand l'altitude augmente.

2.2.1.2   *Dans un référentiel non galiléen*

Il faut tenir compte des forces d'inertie. Le principe fondamental de la dynamique s'écrit alors : $\rho d\tau \dfrac{d\vec{v}}{dt} = \vec{f}_{v,\text{gal}} d\tau + \vec{f}_e d\tau + \vec{f}_c d\tau - \overrightarrow{\text{grad}} P.d\tau$ avec $\vec{f}_{v,\text{gal}}$ la densité volumique des forces de volume **si le référentiel était galiléen**, et $\vec{f}_c$ et $\vec{f}_e$ les densités volumiques respectivement des forces de Coriolis et d'entraînement. On a $\vec{f}_c = -\rho \vec{a}_c$ et $\vec{f}_e = -\rho \vec{a}_e$ avec $\vec{a}_c$ et $\vec{a}_e$ les accélérations respectivement de Coriolis et d'entraînement. On rappelle (voir cours de mécanique du point matériel) que l'accélération de Coriolis a pour expression $\vec{a}_c = 2\vec{\Omega}_{R_r/R_a} \wedge \vec{v}_r$ avec $\vec{\Omega}_{R_r/R_a}$ le **vecteur rotation instantanée du référentiel relatif par rapport au référentiel absolu**, et $\vec{v}_r$ la vitesse de la particule fluide dans le référentiel relatif. L'accélération d'entraînement est calculée en considérant le point coïncidant. L'équation d'Euler a alors pour forme :

$$\rho \frac{d\vec{v}}{dt} = \vec{f}_{v,\text{gal}} + \vec{f}_e + \vec{f}_c - \overrightarrow{\text{grad}} P. \tag{2.13}$$

Ceci est l'équation d'Euler dans le cas d'un référentiel non galiléen.

Dans toute la suite du chapitre, nous considérons que le référentiel est galiléen.

2.2.2   Conditions aux limites

2.2.2.1   *Conditions en vitesse*

Cas d'un obstacle non poreux

À l'intérieur du fluide en mouvement se trouvent parfois des solides. Ces solides sont des obstacles pour l'écoulement du fluide. Loin d'un obstacle, le fluide n'est pas perturbé par la présence de l'obstacle. On suppose que l'obstacle **n'est pas poreux** : le fluide ne pénètre pas dans l'obstacle.

À la surface d'un obstacle non poreux, il y a continuité de la composante normale du champ de vitesse :

$$\vec{v}(M \in \text{fluide}) \cdot \vec{n} = \vec{v}(M \in \text{obstacle}) \cdot \vec{n} \tag{2.14}$$

avec $\vec{n}$ un vecteur unitaire normal à la surface de l'obstacle au point M considéré. Les vecteurs $\vec{v}(M \in \text{fluide})$ et $\vec{v}(M \in \text{obstacle})$ représentent les vitesses du fluide et de l'obstacle au point M.

Si l'obstacle est immobile dans le référentiel d'étude, cela signifie que la vitesse du fluide en un point de l'obstacle, n'a pas de composante normale à l'obstacle : le vecteur vitesse $\vec{v}$ du fluide est tangent à l'obstacle. Si l'obstacle est en mouvement, cela signifie que la vitesse du fluide en un point de l'obstacle, a une composante normale à l'obstacle égale à la composante normale du point de l'obstacle considéré. On peut résumer ces deux cas de la manière suivante.

Cas de l'interface entre deux fluides parfaits non miscibles

Nous considérons maintenant le contact entre deux fluides parfaits. Ces deux fluides sont **non miscibles** : ils ne peuvent pénétrer l'un dans l'autre. L'interface est déformable.

> À l'interface entre deux fluides parfaits non miscibles, il y a continuité de la composante normale du champ de vitesse :
>
> $$\vec{v}(M \in \text{fluide } 1) \cdot \vec{n} = \vec{v}(M \in \text{fluide } 2) \cdot \vec{n} \qquad (2.15)$$
>
> avec $\vec{n}$ un vecteur normal à l'interface au point considéré, et $\vec{v}(M \in \text{fluide } 1)$ et $\vec{v}(M \in \text{fluide } 2)$ les vitesses des fluides au point M considéré.

2.2.2.2 *Conditions en contrainte*

On considère deux fluides parfaits immiscibles. La pression à l'interface entre les fluides n'est en général pas continue, à cause des effets de capillarité et de la courbure de l'interface. La discontinuité de pression est donnée par la **loi de Laplace**. La notion de courbure d'une surface orientée est définie dans l'appendice de ce cours.

Les deux fluides 1 et 2 sont supposés immiscibles. En un point M donné, nous considérons le vecteur unitaire $\vec{n}$ orienté du fluide 1 vers le fluide 2. La surface de séparation entre les deux fluides est orientée par ce vecteur. On note $1/R$ la courbure de la surface en M. Nous énonçons maintenant la loi de Laplace.

> Les pressions diffèrent si la surface de contact entre les fluides, est courbée :
>
> $$P_2 = P_1 + \frac{2\gamma}{R} \qquad (2.16)$$
>
> avec γ la tension de surface entre les fluides immiscibles 1 et 2, et $1/R$ la courbure totale au point considéré de la surface de contact.

Si les effets de capillarité sont négligeables, alors il y a continuité de la pression : $P_1 = P_2$ en tout point de la surface de contact.

2.2.3   Écoulements particuliers

2.2.3.1   Cas d'un écoulement parallèle

Soit un écoulement dont les lignes de courant sont parallèles à une direction fixe. Appelons $\vec{e}_x$ cette direction. Le champ de vitesse s'écrit donc sous la forme : $\vec{v} = v\vec{e}_x$. On suppose que la seule force en volume est le poids. On peut montrer le résultat suivant.

> Loi des courants : la répartition de pression est hydrostatique dans toute direction perpendiculaire aux lignes de courant.

Activité 2-1 : Montrer ce résultat.

2.2.3.2   Jet libre

Un jet libre est un jet en contact, le long de sa surface latérale, avec l'air extérieur.

Nous supposons ici que l'influence de la pesanteur est négligeable, et plus généralement qu'**il n'y a pas de forces en volume**. Nous supposons aussi que l'écoulement est **parallèle**. Notons $\vec{e}_x$ la direction de l'écoulement ; on a donc : $\vec{v} = v\vec{e}_x$. Projetons l'équation d'Euler dans la direction perpendiculaire à l'écoulement, il vient : $(\overrightarrow{\mathrm{grad}}P)_\perp = 0$, c'est-à-dire que la pression est uniforme dans toute section droite de l'écoulement. La continuité de la pression à la frontière jet/ air entraîne que cette valeur uniforme de la pression est en fait égale à la pression atmosphérique : $P = P_{\mathrm{atm}}$. Concluons.

> Dans un écoulement dont les lignes de courant sont parallèles à une direction fixe, et où les forces de volume sont nulles, la pression est uniforme dans tout le fluide.

La dérivée particulaire est donc nulle dans tout le fluide : $\dfrac{\partial \vec{v}}{\partial t} + (\vec{v} \cdot \overrightarrow{\mathrm{grad}})\vec{v} = 0$.

Si de plus on suppose que l'écoulement est permanent, alors $\dfrac{\partial \vec{v}}{\partial t} = 0$ et il vient $(\vec{v} \cdot \overrightarrow{\mathrm{grad}})\vec{v} = 0$ c'est-à-dire $\dfrac{\partial (v^2)}{\partial x} = 0$. **La vitesse est uniforme le long de chaque ligne de courant.**

2.2.4   Résolution d'un problème en mécanique des fluides

2.2.4.1   Décompte des inconnues

Les inconnues du problème sont la vitesse du fluide $\vec{v}$, la pression du fluide P et sa masse volumique ρ. La vitesse étant un vecteur à trois composantes scalaires, on a donc cinq inconnues scalaires.

2.2.4.2   Décompte des équations

L'équation de continuité (conservation de la masse) apporte une équation scalaire. L'équation d'Euler apporte trois équations scalaires. Il manque une équation scalaire pour que le problème soit résolu. Elle est apportée en général par une propriété thermodynamique du fluide : son **équation d'état, ou un coefficient thermoélastique** tel que, par exemple, le coefficient de compressibilité isentropique. Ce coefficient est en effet pertinent dans le cas des fluides parfaits, où les évolutions sont réversibles.

2.3   THÉORÈMES DE BERNOULLI

2.3.1   Équation d'Euler

Nous supposons que le référentiel d'étude est galiléen, et que le fluide est parfait. Nous supposons que les forces de volume sont toutes conservatives : $\vec{f}_v = -\rho\overrightarrow{\mathrm{grad}}(e_{p,m})$ avec $e_{p,m}$ l'énergie potentielle massique. Exemple : si la seule force en volume est le poids, alors $e_{p,m} = gz$.

L'équation d'Euler, dans ces conditions, s'écrit : $\rho\left(\dfrac{\partial\vec{v}}{\partial t} + (\vec{v}\cdot\overrightarrow{\mathrm{grad}})\vec{v}\right) = -\overrightarrow{\mathrm{grad}}P - \rho\overrightarrow{\mathrm{grad}}(e_{p,m})$, ou aussi bien : $\rho\left(\dfrac{\partial\vec{v}}{\partial t} + \overrightarrow{\mathrm{grad}}\dfrac{v^2}{2} + \overrightarrow{\mathrm{rot}}\vec{v}\wedge\vec{v}\right) = -\overrightarrow{\mathrm{grad}}P - \rho\overrightarrow{\mathrm{grad}}(e_{p,m})$.

2.3.2   Théorème de Bernoulli fort

L'écoulement étant irrotationnel, on a $\overrightarrow{\mathrm{rot}}\vec{v} = 0$.

L'écoulement étant stationnaire, on a : $\dfrac{\partial\vec{v}}{\partial t} = 0$.

L'équation d'Euler se réécrit alors :

$$\rho\overrightarrow{\text{grad}}\frac{v^2}{2} = -\overrightarrow{\text{grad}}P - \rho\overrightarrow{\text{grad}}(e_{p,m}).$$

Le fluide est incompressible, donc la masse volumique est uniforme, et on a

$$-\rho\overrightarrow{\text{grad}}(e_{p,m}) = -\overrightarrow{\text{grad}}(\rho e_{p,m}).$$

On a, pour la même raison :

$$\rho\overrightarrow{\text{grad}}\left(\frac{v^2}{2}\right) = \overrightarrow{\text{grad}}\left(\frac{\rho v^2}{2}\right).$$

On obtient donc

$$\overrightarrow{\text{grad}}\left(\frac{\rho v^2}{2}\right) = -\overrightarrow{\text{grad}}P - \overrightarrow{\text{grad}}(\rho e_{p,m}).$$

D'où $\overrightarrow{\text{grad}}\left(\dfrac{\rho v^2}{2} + P + \rho e_{p,m}\right) = 0$, et donc

$$\frac{1}{2}\rho v^2 + P + \rho e_{p,m} = \text{Cste}.$$

La quantité $\dfrac{1}{2}\rho v^2 + P + \rho e_{p,m}$ est constante dans tout l'écoulement. On obtient le théorème de Bernoulli fort :

> En tout point d'un fluide parfait **incompressible** en écoulement **station-naire et irrotationnel**, la quantité $\dfrac{1}{2}\rho v^2 + P + \rho e_{p,m}$ est constante.

2.3.3 Théorème de Bernoulli faible

Dans ce cas, l'écoulement n'est pas supposé irrotationnel. Le régime étant stationnaire, l'équation d'Euler s'écrit :

$$\rho\left(\overrightarrow{\text{grad}}\frac{v^2}{2} + \overrightarrow{\text{rot}}\vec{v} \wedge \vec{v}\right) = -\overrightarrow{\text{grad}}P - \rho\overrightarrow{\text{grad}}(e_{p,m}).$$

Faisons le produit scalaire terme à terme de l'équation avec le vecteur vitesse $\vec{v}$ de l'écoulement en chaque point Comme $(\overrightarrow{\mathrm{rot}}\vec{v} \wedge \vec{v})$ est orthogonal à $\vec{v}$, il vient que le produit scalaire avec $\vec{v}$ de ce vecteur est nul, d'où :

$$\rho\overrightarrow{\mathrm{grad}}\left(\frac{1}{2}v^2\right) \cdot \vec{v} + \overrightarrow{\mathrm{grad}}P \cdot \vec{v} + \rho\overrightarrow{\mathrm{grad}}(e_{p,m}) \cdot \vec{v} = 0.$$

Or $\vec{v} = \dfrac{\mathrm{d}\vec{l}}{\mathrm{d}t}$ avec $\mathrm{d}\vec{l}$ un vecteur déplacement élémentaire le long d'une ligne de courant donnée. Le régime étant stationnaire, la ligne de courant est confondue avec la trajectoire. L'écoulement étant incompressible, la masse volumique est uniforme le long d'une ligne de courant. Il vient alors que

$$\rho\overrightarrow{\mathrm{grad}}\left(\frac{1}{2}v^2\right) \cdot \mathrm{d}\vec{l} = \overrightarrow{\mathrm{grad}}\left(\frac{1}{2}\rho v^2\right) \cdot \mathrm{d}\vec{l}$$

et

$$\rho\overrightarrow{\mathrm{grad}}\left(e_{p,m}\right) \cdot \mathrm{d}\vec{l} = \overrightarrow{\mathrm{grad}}\left(\rho e_{p,m}\right) \cdot \mathrm{d}\vec{l}.$$

On a

$$\overrightarrow{\mathrm{grad}}\left(\frac{1}{2}\rho v^2 + P + \rho e_{p,m}\right) \cdot \mathrm{d}\vec{l} = 0.$$

Par définition de la fonction gradient, il vient que

$$\mathrm{d}\left(\frac{1}{2}\rho v^2 + P + \rho e_{p,m}\right) = 0$$

c'est-à-dire que la quantité $\frac{1}{2}\rho v^2 + P + \rho e_{p,m}$ est uniforme le long de la ligne de courant considérée. On obtient le théorème de Bernoulli faible.

Dans un écoulement **stationnaire et incompressible** d'un fluide parfait, la quantité $\frac{1}{2}\rho v^2 + P + \rho e_{p,m}$ est constante le long d'une ligne de courant.

2.3.4 Théorème de Bernoulli en écoulement non stationnaire

L'écoulement étant irrotationnel, on a $\overrightarrow{\mathrm{rot}}\vec{v} = 0$. L'équation d'Euler s'écrit alors :

$$\rho\left(\frac{\partial \vec{v}}{\partial t} + \overrightarrow{\mathrm{grad}}\frac{v^2}{2}\right) = -\overrightarrow{\mathrm{grad}}P - \rho\overrightarrow{\mathrm{grad}}(e_{p,m}).$$

Le fluide étant incompressible, sa masse volumique est uniforme, donc

$$\rho\overrightarrow{\mathrm{grad}}(e_{p,m}) = \overrightarrow{\mathrm{grad}}(\rho e_{p,m}).$$

D'où

$$\rho\left(\frac{\partial\vec{v}}{\partial t} + \overrightarrow{\mathrm{grad}}\frac{v^2}{2}\right) = -\overrightarrow{\mathrm{grad}}(P + \rho e_{p,m}).$$

L'hypothèse « écoulement irrotationnel » a également pour conséquence que l'écoulement est potentiel : il existe un champ scalaire φ tel que $\vec{v} = \overrightarrow{\mathrm{grad}}\varphi$. En intervertissant la dérivée au sens du gradient et la dérivée temporelle, il vient que

$$\frac{\partial\vec{v}}{\partial t} = \overrightarrow{\mathrm{grad}}\left(\frac{\partial\varphi}{\partial t}\right),$$

d'où en remplaçant dans l'équation d'Euler :

$$\rho\overrightarrow{\mathrm{grad}}\left(\frac{\partial\varphi}{\partial t} + \frac{v^2}{2}\right) = -\overrightarrow{\mathrm{grad}}P - \overrightarrow{\mathrm{grad}}(\rho e_{p,m}).$$

Le fluide étant incompressible, la masse volumique est constante (c'est-à-dire uniforme et stationnaire) et on peut écrire

$$\rho\overrightarrow{\mathrm{grad}}\left(\frac{\partial\varphi}{\partial t} + \frac{1}{2}v^2\right) = \overrightarrow{\mathrm{grad}}\left(\frac{\partial(\rho\varphi)}{\partial t} + \frac{1}{2}\rho v^2\right)$$

et donc

$$\overrightarrow{\mathrm{grad}}\left(\frac{\partial(\rho\varphi)}{\partial t} + \frac{1}{2}\rho v^2 + P + \rho e_{p,m}\right) = 0,$$

c'est-à-dire que la quantité $\dfrac{\partial(\rho\varphi)}{\partial t} + \dfrac{1}{2}\rho v^2 + P + \rho e_{p,m}$ est uniforme dans tout le fluide.

Dans l'écoulement **irrotationnel** d'un fluide parfait **incompressible**, la quantité $\dfrac{\partial(\rho\varphi)}{\partial t} + \dfrac{1}{2}\rho v^2 + P + \rho e_{p,m}$ est uniforme dans tout le fluide.

Dans la suite de ce cours, le poids est la seule force en volume. L'énergie potentielle de pesanteur, par suite, est de la forme $e_{p,m} = gz$.

2.3.5   Condition d'écoulement incompressible

On considère un fluide parfait en écoulement stationnaire et irrotationnel. On néglige l'influence des forces de volume. Notons v la norme de la vitesse de l'écoulement dans le référentiel d'étude, et c est la célérité des ondes sonores dans le fluide immobile. On admet que cette célérité est liée à la compressibilité isentropique χ_S par la relation :

$$c = \frac{1}{\sqrt{\chi_S \rho}}.$$

Si on néglige les effets de compressibilité, alors on peut considérer que le fluide est incompressible, et alors toutes les hypothèses sont remplies pour appliquer le théorème de Bernoulli fort.

On peut considérer alors que la quantité $\frac{1}{2}\rho v^2 + P$ est constante en tout point du fluide, puisque les effets de la gravité sont négligés. Imaginons qu'il y a un **point d'arrêt** dans l'écoulement : en ce point la vitesse du fluide est nulle. Supposons que, loin de ce point, la vitesse et la pression dans le fluide sont uniformes, et valent en norme v_0 et P_0. Le théorème de Bernoulli nous permet d'écrire que la pression maximale P_M est atteinte en un point de l'écoulement où la vitesse serait nulle. On aurait alors :

$$P_M = P_0 + \frac{1}{2}\rho v_0^2,$$

soit une variation de pression maximale (ou surpression maximale) valant $\mathrm{d}P_M = P_M - P_0 = \frac{1}{2}\rho v_0^2$.

Prenons maintenant en compte des petits effets de compressibilité. Le coefficient de compressibilité isentropique χ_S, supposé constant, est défini par

$$\chi_S = \frac{1}{\rho}\left(\frac{\partial \rho}{\partial P}\right)_S.$$

En considérant que la masse volumique est seulement perturbée dans cet écoulement, et en notant ρ la valeur moyenne, on a que

$$\mathrm{d}\rho = \rho \chi_S \mathrm{d}P$$

et, pour la variation maximale de masse volumique :

$$\mathrm{d}\rho_M = \frac{1}{2}\rho^2 v_0^2 \chi_S.$$

Pour que la variation de masse volumique soit négligeable devant ρ, il suffit que $\mathrm{d}\rho_M \ll \rho$, c'est-à-dire $\rho v_0^2 \chi_S \ll 1$, ou encore $v_0 \ll c$.

Si la condition $v \ll c$ est réalisée, alors l'écoulement peut être considéré comme incompressible.

Considérons un fluide parfait en écoulement **stationnaire et irrotationnel**, dans lequel **l'influence du poids est négligeable**. L'écoulement peut être considéré comme incompressible si la vitesse du fluide v est très petite devant la célérité du son c dans le milieu :

$$v \ll c. \tag{2.17}$$

Application numérique : considérons l'air à la pression $P_0 = 1$ bar ou 10^5 Pa, température 20 °C ou $T_0 = 293$ K, de masse volumique $\rho = 1,2$ kg·m^{-3}, en écoulement à $v_0 = 100$ km·h$^{-1} = 28$ m·s^{-1}. La célérité du son dans ce milieu vaut $c = 340$ m·s^{-1}. On a donc que $v_0 \ll c$. De la valeur de c, on déduit la valeur de la compressibilité isentropique de l'air : $\chi_S = 7,1 \times 10^{-6}$ Pa^{-1}.

Imaginons qu'il y a un point d'arrêt dans l'écoulement. La différence de pression entre ce point et un point éloigné où règne la pression P_0, est $dP_M = \dfrac{1}{2}\rho v_0^2$ soit $dP_M = 480$ Pa. On observe que l'on a $dP_M \ll P_0$, ce qui montre que l'on peut en effet considérer dP_M comme un infiniment petit. La variation correspondante de la masse volumique est donnée par $d\rho_M = \rho\chi_S dP_M$ soit $d\rho_M = 4,1$ g·m^{-3}. On observe bien que $d\rho_M \ll \rho$: l'écoulement peut être considéré comme incompressible.

2.4   APPLICATIONS DES THÉORÈMES DE BERNOULLI

2.4.1   Formule de Torricelli

Un récipient rempli de fluide est percé d'un orifice en son fond. On considère que le fluide est parfait et que son écoulement est stationnaire et incompressible. Les hypothèses permettant d'appliquer le théorème de Bernoulli faible sont donc réunies. On suppose de plus que la vitesse est uniforme sur la section de l'orifice. Exprimer la vitesse du fluide au niveau de l'orifice. Dans la figure 2.3, la ligne en pointillés représente une ligne de courant. S est l'aire de la section droite du récipient, s est l'aire de la section droite de l'orifice.

Activité 2-2 : Exprimer la vitesse de l'eau en B, en fonction de g et de h.

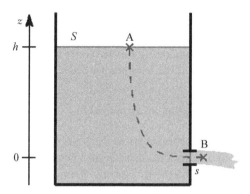

FIGURE 2.3   Récipient rempli de fluide, et percé d'un orifice en son fond. On considère une ligne de courant AB. A est un point de la surface libre, et B un point dans la section droite au niveau de l'orifice.

Un écoulement à débit permanent permet de mesurer l'écoulement du temps : c'est le principe de l'horloge à eau.

Considérons un récipient symétrique de révolution, de section $S(z)$ variable en fonction de l'altitude z, se vidant de son contenu fluide par un orifice de rayon a tel que $a^2 \ll S(z)$. Le fluide est parfait et son écoulement est stationnaire et incompressible.

Activité 2-3 :

1. À quelle condition le débit volumique est-il constant ?

2. Quelle doit être la fonction $S(z)$ pour que la vitesse à laquelle descend la surface libre du fluide, soit constante ?

2.4.2   Effet Venturi

2.4.2.1   *Description qualitative*

Lorsque la section d'un tube diminue, la pression diminue. Expliquons-le en utilisant le théorème de Bernoulli faible. Nous supposerons en outre que l'écoulement est unidimensionnel, et donc en particulier que la vitesse est uniforme sur toute section droite de l'écoulement.

Tout d'abord, la conservation du débit volumique, due au caractère incompressible de l'écoulement, entraîne que, si la section diminue, la vitesse au niveau de cette section augmente. Or, d'après le théorème de Bernoulli faible, la quantité $\frac{1}{2}\rho v^2 + P + \rho g z$ se conserve le long d'une ligne de courant, et donc, à une altitude z donnée, si la vitesse augmente alors la pression doit diminuer.

Remarque La pression du fluide ne peut pas diminuer en dessous de la pression de vapeur saturante du fluide, car alors il y a formation de bulles de vapeur au sein du liquide : c'est le phénomène de **cavitation**. Ce phénomène est en général nuisible : il provoque du bruit dans les canalisations, ou un écoulement turbulent autour d'une hélice.

2.4.2.2   Calcul de la dépression et du débit

Considérons l'écoulement incompressible d'un gaz en régime stationnaire, et une ligne de courant entre deux sections droites de l'écoulement (figure 2.4). Notons Q le débit volumique de l'écoulement. Notons A un point de cette ligne dans la section située en amont de l'écoulement, et B un point de cette ligne dans la section en aval. Notons S_A l'aire de la section en amont, et S_B l'aire de la section en aval. Nous imaginons de plus ici que, au niveau de chaque section aval et amont, arrive l'extrémité d'un tube en U dans lequel se trouve un liquide incompressible.

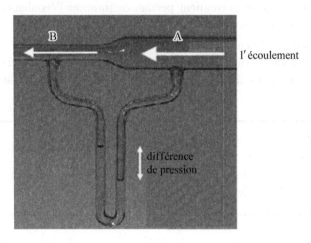

FIGURE 2.4   Écoulement d'air dans un tube en verre (en haut) dont la section est rétrécie. Le tube en U contient de l'eau. Le rétrécissement de la section a pour effet une différence de pression entre l'amont (point A) et l'aval (point B) de l'écoulement. Cette différence de pression crée une différence d'altitude Δh entre les deux surfaces libres.

Les surfaces libres du liquide ne sont pas au même niveau. Notons Δh la différence d'altitude entre les deux surfaces libres. Notons ρ_m la masse volumique de l'eau liquide.

Activité 2-4 : Exprimer la différence de hauteurs d'eau Δh en fonction de Q, g, S_A, S_B et du quotient $\dfrac{\rho}{\rho_m}$.

Remarque Le dispositif présenté ici est adapté à l'écoulement d'un gaz. D'autres dispositifs permettent de mesurer la pression le long de l'écoulement d'un liquide.

2.4.2.3 Applications

Les voitures de course (Formule 1 par exemple) présentent un profil particulier, destiné à réduire la section de l'écoulement au niveau du sol. Le fluide est donc accéléré à ce niveau, ce qui crée une dépression, et est à l'origine d'une force dirigée du haut vers le bas, qui tend à plaquer la voiture au sol. Cet effet, appelé **effet de sol**, est utilisé pour améliorer la tenue de route des voitures de course.

Le dispositif de la **trompe à eau** est utilisé en chimie pour obtenir un vide peu poussé. Dans ce dispositif (voir figure 2.5), le tuyau présente en sortie une partie convergente afin d'accélérer localement l'eau, ce qui provoque une chute de pression et donc un appel d'air.

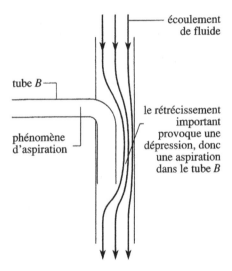

FIGURE 2.5   Principe de la trompe à eau.

Dans le carburateur d'un moteur thermique, la canalisation dans laquelle passe l'air présente une partie convergente en face de l'orifice du gicleur : voir figure 2.6. Ce dispositif permet d'accélérer l'air et de créer une dépression qui favorise l'éjection du carburant.

Une aile d'avion a un profil tel que les tubes de courant s'élargissent sous l'aile, et se resserrent au-dessus de l'aile. L'incompressibilité de l'écoulement et le théorème de Bernoulli faible entraînent que la pression est plus importante sous l'aile qu'au-dessus de l'aile. Par suite, l'aile subit de la part de l'air une force orientée du bas vers le haut, appelée de **force de portance**.

Cet effet a parfois des conséquences visibles : au dessus de l'aile d'avion en vol, on observe parfois un nuage de vapeur, c'est-à-dire une condensation de vapeur

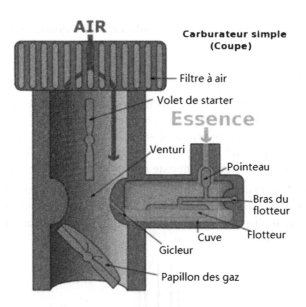

FIGURE 2.6   Schéma de principe du carburateur d'un moteur thermique.

d'eau. En effet, l'accélération de l'air, plus importante au-dessus de l'aile, entraîne une chute de pression, qui entraîne à son tour la condensation de l'eau : voir figure 2.7.

Considérons deux navires en mouvement de translation rectiligne uniforme, suivant deux trajectoires parallèles, et dans le même sens. Plaçons-nous dans le référentiel où les deux bateaux sont immobiles. La région de fluide entre eux est animée d'un mouvement à plus grande vitesse (en moyenne) que les régions située de leurs côtés libres respectifs. Par suite, la pression dans cette région est plus faible que les pressions à l'extérieur. Il y a risque de collision entre les deux bateaux.

2.4.3   Tube de Pitot

Le tube de Pitot permet de mesurer la vitesse d'un écoulement fluide grâce à la mesure d'une différence de pressions. On place le tube **parallèlement à l'écoulement** pour que l'écoulement soit peu perturbé. Compte tenu des dimensions caractéristiques de l'appareil, l'effet de la pesanteur peut être négligé.

Le principe de fonctionnement est représenté sur la figure 2.8. On se place dans le référentiel du tube. On suppose que le fluide est parfait et que son écoulement est permanent et incompressible. La vitesse de l'écoulement loin de l'obstacle (qui est donc le tube de Pitot) est notée U_∞. Le théorème de Bernoulli faible peut être appliqué le long d'une ligne de courant. On notera ρ la masse volumique du gaz, et ρ_ℓ la masse volumique du liquide contenu dans le tube en U.

FIGURE 2.7   Condensation d'eau sur la surface supérieure d'une aile d'avion.

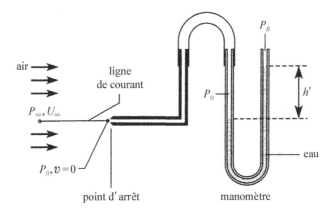

FIGURE 2.8   Mesure de la vitesse d'un écoulement par un tube de Pitot.

L'ouverture du tube correspond à un point d'arrêt du fluide : $v = 0$. Dans la branche de gauche du tube en U, l'air est immobile, et la pression vaut uniformément P_0 appelée **pression totale**, ou aussi **pression dynamique**. Dans la branche de droite, la surface libre est sous la pression P_B appelée **pression statique**. Dans ces conditions, la surface libre de la colonne d'eau de droite est à un niveau supérieur de h' à celle dans la colonne de gauche : la pression à droite est inférieure à la pression à gauche, de la quantité

$$P_0 - P_B = \rho_\ell g h';$$
$$P_0 - P_\infty = \frac{1}{2}\rho U_\infty^2. \tag{2.18}$$

D'où on obtient une relation entre P_∞ et P_B :

$$P_\infty - P_B = \rho_\ell g h' - \frac{1}{2}\rho U_\infty^2. \tag{2.19}$$

La masse volumique du liquide ρ_ℓ est connue, celle de l'air ρ est connue aussi, donc la mesure de h' donne la valeur de U_∞ : c'est le principe du tube de Pitot.

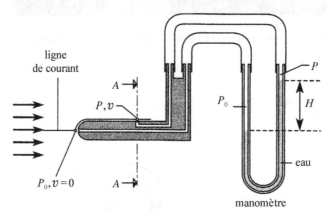

FIGURE 2.9   Mesure de la vitesse d'un écoulement par un tube de Prandtl.

Le tube de Prandtl est une variante du tube de Pitot, plus adaptée à la mesure dans des systèmes réels. Dans ce cas (voir figure 2.9) la pression statique P_B est la pression à l'intérieur de l'écoulement loin de l'obstacle P_∞ : $P_B = P_\infty = P$. On a donc :

$$\rho_\ell g H = \frac{1}{2}\rho U_\infty^2. \tag{2.20}$$

La mesure de H donne donc accès à la fois à U_∞ et à P (si la pression P_0 est connue)

Les tubes de Pitot ou de Prandtl sont utilisés fréquemment sur les voitures, avions, hélicoptères, etc ... afin de donner la mesure de la vitesse du véhicule (figure 2.10).

FIGURE 2.10   Tube de Pitot installé sur une voiture Renault de type Formule 1.

2.4.4   Effet Magnus

Considérons un obstacle immobile dans un écoulement. Nous supposons que cet obstacle est bidimensionnel, et d'extension finie dans le plan : par exemple un cylindre, ou un profil d'aile invariant par translation dans la direction orthogonale à sa section principale. Notons a une dimension caractéristique de l'obstacle. L'écoulement est uniforme loin de l'obstacle. On note la vitesse de l'écoulement au loin $\vec{v}_0 = v_0 \vec{e}_x$ avec v_0 une constante positive. En présence de l'obstacle, ce champ de vitesse est modifié. L'obstacle a en général deux effets :

— un effet de circulation : la circulation de la vitesse autour de l'obstacle n'est pas nulle, on la note Γ ; cet effet est représenté par un champ de vortex qui, en dehors de la région centrale du vortex, dérive du potentiel φ_1 : $\vec{v}_1 = \overrightarrow{\mathrm{grad}}\varphi_1$;
— un effet sur la partie irrotationnelle de l'écoulement : cette partie est décrite par le potentiel φ_2 : $\vec{v}_2 = \overrightarrow{\mathrm{grad}}\varphi_2$.

Le champ de vitesse autour de l'obstacle est donc de la forme $\vec{v} = \vec{v}_0 + \vec{v}_1 + \vec{v}_2$. L'écoulement est potentiel et dérive du potentiel

$$\varphi = v_0 x + \varphi_1 + \varphi_2.$$

Le champ de vitesse doit satisfaire les conditions aux limites, c'est-à-dire :
— la composante normale de la vitesse est nulle sur les bords de l'obstacle ;
— la vitesse $\vec{v}$ tend vers $\vec{v}_0$ dans la limite des grandes distances de l'obstacle.

Supposons, de plus, qu'il n'y a pas de source ni de puits de fluide au niveau de l'obstacle. Le premier terme, dans le développement en $\dfrac{a}{r}$ du potentiel φ_2, est donc un terme d'ordre supérieur à 1. Si le premier terme a un ordre égal à 1, cela signifie que c'est le terme dipolaire. Ce cas sera en général réalisé. En dimension 2, le terme dipolaire s'écrit de manière générale :

$$\varphi_2 = -\frac{\vec{p} \cdot \vec{r}}{2\pi r^2}$$

avec $\vec{p}$ un vecteur constant caractéristique du dipôle. Le signe $-$ permet que, au voisinage de la position du dipôle, dans la direction de $\vec{p}$, le vecteur vitesse soit de même sens que $\vec{p}$[1].

L'étude du problème est divisée en deux étapes : une première étape où on suppose la circulation nulle, et où on cherche le potentiel $v_0 x + \varphi_2$; une deuxième étape où on superpose à l'écoulement précédent, le potentiel de tourbillon φ_1.

2.4.4.1   Cas du cylindre

Nous étudions le cas particulier du cylindre infiniment long, immobile dans un fluide en écoulement permanent et incompressible : voir figure 2.11. Dans ce cas, l'existence d'une circulation non nulle autour du cylindre a une cause simple : le cylindre est en mouvement de rotation propre. Cette rotation, à cause de la viscosité du liquide, entraîne le fluide et crée une circulation dans l'écoulement.

On note a le rayon du cylindre. Loin du cylindre, l'écoulement du fluide est uniforme à vitesse $\vec{v}_0 = v_0 \vec{e}_x$ avec v_0 une constante positive. Les lignes de courant sont symétriques par rapport à l'axe Ox, avec O le centre du cylindre.

Nous considérons tout d'abord le cylindre immobile, et cherchons le terme φ_2 du potentiel des vitesses. Cherchons le potentiel φ_2 sous la forme $\varphi_2 = -\dfrac{\vec{p} \cdot \vec{r}}{2\pi r^2}$. Le problème est symétrique par rapport à l'axe des x donc le vecteur $\vec{p}$ est nécessairement dans la direction x : $\vec{p} = -p\vec{e}_x$ avec p positif : $p > 0$. Avec ces notations on a :

$$\varphi_2 = \frac{p \cos\theta}{2\pi r} \tag{2.21}$$

Avec l'expression du potentiel d'écoulement uniforme $v_0 x = v_0 r \cos\theta$ on trouve l'expression du potentiel total $\varphi = v_0 r \cos\theta + \dfrac{p \cos\theta}{2\pi r}$. La vitesse dans le fluide est donc de la forme $\vec{v} = \overrightarrow{\mathrm{grad}}\varphi = v_0 \cos\theta \vec{e}_r - v_0 \sin\theta \vec{e}_\theta - \dfrac{p \cos\theta}{2\pi r^2}\vec{e}_r - \dfrac{p \sin\theta}{2\pi r^2}\vec{e}_\theta$ ou :

$$\vec{v} = \left(v_0 \cos\theta - \frac{p \cos\theta}{2\pi r^2}\right)\vec{e}_r - \left(v_0 \sin\theta + \frac{p \sin\theta}{2\pi r^2}\right)\vec{e}_\theta.$$

---

1. En électromagnétisme, ce signe $-$ n'apparaît pas, car la relation entre $\vec{E}$ et V est de la forme $\vec{E} = -\overrightarrow{\mathrm{grad}}V$. En hydrodynamique, elle est de la forme $\vec{v} = +\overrightarrow{\mathrm{grad}}\varphi$.

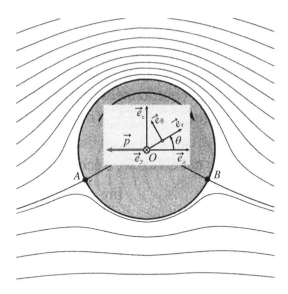

FIGURE 2.11   Écoulement autour d'un cylindre immobile. Attention : le sens positif de rotation dans le plan xz est défini par rapport au vecteur $\vec{e}_y$. Sur cette figure, l'angle θ a donc une valeur comprise entre 0 et $+\dfrac{\pi}{2}$.

La vitesse doit vérifier les conditions aux limites sur le cylindre, c'est-à-dire être tangente à l'obstacle : $v_r(r = a) = 0$. Cela est réalisé pour tout θ si : $v_0 \cos\theta - \dfrac{p\cos\theta}{2\pi r^2} = 0$ c'est-à-dire $v_0 = \dfrac{p}{2\pi a^2}$. On obtient donc l'expression dans ce cas du moment dipolaire :

$$p = 2\pi v_0 a^2 \,;$$

et on vérifie que p a la dimension d'un débit volumique. On a finalement les composantes de la vitesse :

$$\vec{v} \left|
\begin{aligned}
v_r &= v_0 \cos\theta \left(1 - \frac{a^2}{r^2}\right) \\
v_\theta &= -v_0 \sin\theta \left(1 + \frac{a^2}{r^2}\right)
\end{aligned}
\right.$$

Remarque : dans ce cas, le potentiel dipolaire choisi pour φ_2 est la solution exacte du problème. En effet, les conditions aux limites sur l'obstacle sont respectées avec ce potentiel.

Appliquons le théorème de Bernoulli faible le long d'une ligne de courant infiniment proche de l'obstacle. On obtient alors le champ de pression à la surface du cylindre. L'intégration des forces de pression conduit alors à la résultante des forces de surface $\vec{F}$ sur le cylindre. Le calcul, sans difficulté, conduit à :

$$\vec{F} = \vec{0}.$$

La résultante des forces s'exerçant sur le cylindre immobile, est nulle.

Nous considérons maintenant que le cylindre est en rotation propre à la vitesse angulaire Ω. Il apparaît une circulation Γ non nulle autour du cylindre. Cet écoulement supplémentaire est caractérisé par un vecteur tourbillon $\vec{\Omega} = \Omega \vec{e}_z$: voir figure 2.12. Le vecteur $\vec{\Omega}$ est relié à la circulation Γ par la relation $\iint\limits_{S} 2\vec{\Omega} \cdot \mathrm{d}\vec{S} = \Gamma$ avec S la section droite du cylindre. Supposons que le champ de vecteur $\vec{\Omega}$ est uniforme sur toute la section du cylindre. On a alors :

$$\Gamma = 2\pi a^2 \Omega. \tag{2.22}$$

On peut de plus définir une valeur limite de la circulation de la vitesse autour du cylindre :

$$\Gamma_c = 4\pi a v_0. \tag{2.23}$$

Le terme supplémentaire de vitesse est $\vec{v}_1 = v_1 \vec{e}_\theta$ avec $v_1 = \dfrac{\Gamma}{2\pi r} = \dfrac{\Omega a^2}{r}$. Le champ de vitesse total respecte les conditions aux limites, et est donc la solution du problème :

$$\vec{v} \left| \begin{aligned} & v_r = v_0 \cos\theta \left(1 - \frac{a^2}{r^2}\right) \\ & v_\theta = -v_0 \sin\theta \left(1 + \frac{a^2}{r^2}\right) + \frac{\Gamma}{2\pi r} \end{aligned} \right.$$

Les lignes de courant sont déformées par rapport au cas où le cylindre est immobile. Elles sont dissymétriques par rapport à l'axe Ox. Plus précisément, la vitesse du fluide est plus importante « au-dessus » du cylindre, et moins importante « en-dessous ». Le théorème de Bernoulli faible entraîne que la pression est plus élevée en dessous, et moins élevée au dessus. On en déduit que le cylindre subit une **force vers le haut**, appelée **force de portance**. Ce phénomène est appelé effet Magnus.

Considérons une longueur L de cylindre dans la direction y. On peut alors exprimer la résultante $\vec{F}_p$ des forces de surface sur le cylindre :

$$\vec{F}_p = \rho v_0 \Gamma L \vec{e}_z. \tag{2.24}$$

Si Γ est positive, alors le cylindre subit une force vers le haut. Sinon, vers le bas. On peut de plus remplacer la circulation par son expression trouvée ci-dessus (équation 2.22), il vient : $\vec{F}_p = 2\rho v_0 \pi a^2 L \Omega \vec{e}_z$. La surface de l'obstacle vue depuis "en-dessous" est

$$S_p = 2aL.$$

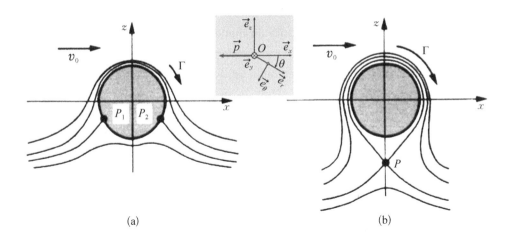

FIGURE 2.12   Écoulement autour d'un cylindre en rotation propre. L'écoulement avec circulation est caractérisé par le vecteur circulation $\vec{\Gamma} = \Gamma\vec{e}_y$ avec Γ la circulation autour du cylindre. On peut définir une valeur critique de la circulation $\Gamma_c = 4\pi a v_0$. Attention : le sens positif de rotation dans le plan xz est défini par rapport au vecteur $\vec{e}_y$. Sur cette figure, l'angle θ a donc une valeur comprise entre 0 et $+\dfrac{\pi}{2}$, et on a $\Gamma > 0$. Figure de gauche (a) : $\Gamma < \Gamma_c$. P_1 et P_2 sont les points d'arrêt du fluide. Figure de droite (b) : $\Gamma > \Gamma_c$. Ces deux cas peuvent donc être réinterprétés par rapport au coefficient de portance C_z. Cas (a) : $C_z < 4\pi$; cas (b) : $C_z > 4\pi$.

Avec cette nouvelle notation, on obtient :

$$\vec{F}_p = \rho v_0 \pi a S_p \Omega \vec{e}_z. \tag{2.25}$$

On définit le coefficient adimensionnel C_z, appelé **coefficient de portance** par la relation :

$$\vec{F}_p = \frac{1}{2}\rho v_0^2 S_p C_z \vec{e}_z. \tag{2.26}$$

En identifiant cette définition avec le résultat du calcul pour le cylindre, nous trouvons une expression théorique du coefficient de portance :

$$C_z = \frac{2\pi a \Omega}{v_0} = 4\pi \frac{\Gamma}{\Gamma_c}. \tag{2.27}$$

où la circulation critique Γ_c est définie dans l'équation 2.23. Les cas distingués dans la figure 2.12 peuvent donc être réinterprétés par rapport au coefficient de portance C_z : cas (a) $C_z < 4\pi$; cas (b) $C_z > 4\pi$.

Remarque : La dissymétrie des lignes de courant par rapport à l'axe Ox, due à la rotation du cylindre autour de son axe, est due au fait que le fluide est visqueux : si le fluide était parfait, les lignes de courant seraient inchangées par rapport au cas où le cylindre est immobile. Cette conclusion est en fait une vérité générale :

L'effet Magnus est dû à la viscosité du fluide.

L'application du théorème de Bernoulli, est donc dans ce cas une approximation.

2.4.4.2   Cas de l'aile d'avion

Nous étudions le cas particulier de l'aile d'avion. Nous supposons l'aile, immobile dans un fluide en écoulement d'air permanent et incompressible. Loin de l'aile, l'écoulement de l'air est uniforme à vitesse $\vec{v}_0 = v_0 \vec{e_x}$ avec v_0 une constante positive. L'aile est supposée infiniment allongée dans la direction $\vec{e}_y$. L'existence d'une circulation non nulle Γ autour de l'aile, est due à l'accélération du fluide au-dessus de l'aile, et son ralentissement en-dessous de l'aile. On définit un vecteur circulation $\vec{\Gamma}$ sous la forme :

$$\vec{\Gamma} = \Gamma \vec{e}_y \tag{2.28}$$

avec $\vec{e}_y$ un vecteur orthonormé de référence, normal à la section droite. On note h la hauteur de l'aile, vue depuis l'amont de l'écoulement. On note L une distance fixée le long de la direction $\vec{e}_y$. On note c la largeur de l'aile, appelée aussi **corde**. On définit une surface de référence, appelée **surface alaire** :

$$S = Lh. \tag{2.29}$$

C'est par rapport à cette surface que le coefficient de portance C_z est défini :

$$F_p = \frac{1}{2}\rho S C_z v_0^2 \tag{2.30}$$

Contrairement au cas du cylindre, le potentiel φ_2 ne peut être déterminé de manière exacte. Le potentiel dipolaire $-\dfrac{\vec{p} \cdot \vec{r}}{2\pi r^2}$ est seulement une forme approchée du véritable potentiel. On peut cependant utiliser cette forme approchée, et obtenir des résultats fondamentaux intéressants.

On a vu que la différence de vitesses entre l'air circulant sous l'intrados, et l'air circulant sur l'extrados, est à l'origine de la force de portance $\vec{F}_p$ subie par l'aile. Or cette différence est aussi à l'origine de la circulation non nulle Γ autour de l'aile. On attend donc une relation entre $\vec{F}_p$ et Γ. Cette relation peut être établie analytiquement avec l'expression approchée du champ de vitesse loin de l'aile :

$$\vec{F}_p = \rho L \vec{v}_0 \wedge \vec{\Gamma}. \tag{2.31}$$

Cette relation généralise celle vue précédemment dans le cas du cylindre en rotation, au chapitre 2.

2.4.4.3 Cas général

Pour un obstacle quelconque, on peut définir de manière analogue un coefficient de portance C_z :

$$F_p = \frac{1}{2}\rho S_p C_x v_0^2 \qquad (2.32)$$

avec S_p la surface de l'obstacle vue depuis "en-dessous" de l'obstacle, et $\vec{v}_0$ la vitesse de l'écoulement loin de l'obstacle. Pour un obstacle quelconque et un fluide réel quelconque, la réalité physique n'admet pas de modèle analytique satisfaisant. En général, le coefficient de portance C_z est donc une grandeur mesurée expérimentalement.

L'effet Magnus agit également sur un solide en mouvement à travers un fluide globalement immobile. Il explique alors les trajectoires incurvées de balles que l'on a frappées en leur imprimant un mouvement de rotation : balles « brossées » au football, balles « liftées » ou « coupées » au tennis, balles « top spin » au ping-pong (voir figure 2.13).

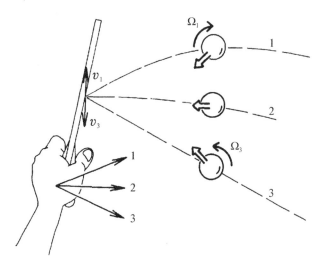

FIGURE 2.13   Aérodynamique de la balle de ping-pong. Le vecteur unitaire $\vec{e}_y$ est orienté vers l'avant du plan de la figure. Le vecteur $\vec{e}_z$ est vertical vers le haut. Le vecteur rotation instantanée de la balle est de la forme $\vec{\Omega} = \Omega \vec{e}_y$. Lors de la frappe, le joueur peut influencer la courbure de la trajectoire future de la balle. (1) Le lift : en déplaçant sa main vers le haut au moment de l'impact, le joueur induit sur la balle un mouvement de rotation avec $\Omega_1 < 0$. La force de portance exercée sur la balle, est donc vers le bas. La trajectoire est incurvée vers le bas. (2) Le coup plat : le joueur n'a pas d'influence sur la courbure de la trajectoire. (3) Le coupé : en déplaçant sa main vers le bas au moment de l'impact, le joueur induit sur la balle un mouvement de rotation avec $\Omega_3 > 0$. La force de portance exercée sur la balle, est donc vers le haut. La trajectoire est peu incurvée.

Au chapitre 3, nous verrons que la viscosité du fluide entraîne non seulement une force de portance sur l'obstacle, mais aussi une **force de traînée**. Si on se place dans le référentiel de l'obstacle, cette dernière est parallèle à la direction de l'écoulement. Nous définirons alors un coefficient adimensionnel appelée **coefficient de traînée**, noté C_x. L'étude des coefficients C_x et C_z est essentielle pour caractériser le comportement de l'obstacle dans l'écoulement.

EXERCICES 2

Exercice 2-1 : Oscillations d'un liquide dans un tube en U

Un liquide, assimilé à un fluide parfait incompressible, de masse volumique ρ, est contenu dans les deux branches d'un tube en U de section S. Le liquide occupe une longueur L du tube. Les forces en volume se résument au poids. À l'équilibre, les deux surfaces libres du liquide sont à la même altitude choisie comme origine d'un axe Oz vertical ascendant.

Quand le liquide est en mouvement d'oscillations dans le tube, les deux surfaces libres sont décalées de la quantité $2z(t)$ à l'instant t. La quantité $z(t)$ représente donc l'altitude d'une surface libre par rapport à l'altitude de la même surface libre quand le liquide est au repos.

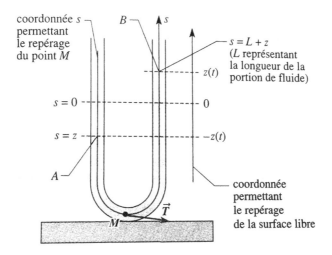

Déterminer la période des oscillations du liquide.

Solution : $T = 2\pi\sqrt{\dfrac{L}{2g}}$.

Exercice 2-2 : Horloge à eau

Un récipient rempli d'eau est percé d'un orifice en son fond. On considère que l'eau est un fluide parfait et incompressible. On suppose que l'écoulement est stationnaire. On suppose que la vitesse est uniforme sur la section de l'orifice.

Dans la figure ci-dessous, la ligne en pointillés représente une ligne de courant. S est l'aire de la section droite du récipient, s est l'aire de la section droite de l'orifice.

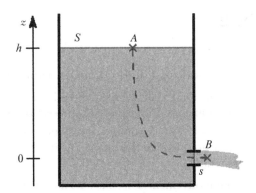

1. Que vaut la pression dans l'eau au niveau de l'orifice ?

2. Le débit volumique se conserve-t-il ? Comparer la vitesse du fluide en A et la vitesse du fluide en B.

3. Exprimer la vitesse de l'eau au niveau de l'orifice.

   Nous considérons maintenant un récipient symétrique de révolution, de section $S(z)$ variable en fonction de l'altitude z, contenant de l'eau. Le récipient se vide par un orifice de rayon a tel que $a^2 \ll S(z)$.

4. À quelle condition le débit volumique est-il constant ?

5. Quelle doit être la fonction $S(z)$ pour que la vitesse à laquelle descend la surface libre de l'eau, soit constante ?

Solution :

1. La pression atmosphérique.

2. Oui, car l'eau est considéré incompressible. $v_A < v_B$

3. $v_B = \sqrt{2gh}$

4. La pression de l'eau en pas du récipient est constante, qui n'est pas vrai si le récipient est relié avec l'atmosphère.

5. $S(z) \propto \sqrt{z}$

Exercice 2-3 : Écoulement dans un tube en L

Soit un tube en forme de L majuscule. La section droite s du tube est constante. Initialement, le tube est rempli d'eau. L'eau est un fluide parfait incompressible de masse volumique ρ. On a $s \ll h^2$ et $s \ll L^2$: par suite, l'écoulement peut être considéré comme unidimensionnel. On note $v = \|\vec{v}\|$ la vitesse de l'eau dans le tube. Dans la partie verticale du tube, la vitesse du fluide $\vec{v}$ est parallèle à l'axe Oz : $\vec{v} = -v\vec{e}_z$. Dans la partie horizontale du tube, la vitesse du fluide $\vec{v}$ est parallèle à l'axe Ox : $\vec{v} = v\vec{e}_x$.

Initialement, le tube est fermé en $x = L$. La hauteur d'eau est alors $h_0 = h(t = 0)$.

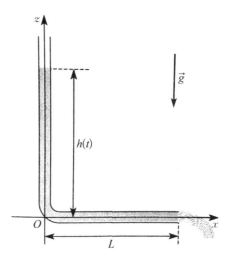

À l'instant initial $(t = 0^+)$, le tube est ouvert en $x = L$. La hauteur h diminue ensuite au cours du temps.

1. Écrire l'équation différentielle qui relie h et $\ddot{h} = \dfrac{\mathrm{d}^2 h}{\mathrm{d}t^2}$. Idée : Écrire l'équation d'Euler, et considérer une ligne de courant.

2. Écrire l'équation différentielle qui relie h et $\dot{h} = \dfrac{\mathrm{d}h}{\mathrm{d}t}$. Idée : Intégrer l'équation différentielle obtenue à la question précédente.

3. Exprimer v en fonction de g, h_0, h et L. Exprimer v dans la limite où L tend vers 0. Donner une interprétation énergétique du résultat.

4. Exprimer la pression P dans l'eau en tout point de la partie verticale du tube, en fonction de P_{atm}, ρ, g, L, h et z. Idée : Utiliser l'équation d'Euler.

5. Exprimer la pression P dans l'eau en tout point de la partie horizontale du tube.

6. En quel point la pression dans l'eau est-elle maximale ? Exprimer cette pression P_{max} en fonction de P_{atm}, ρ, g, L et h.

Solution :

1. $-(L + h)\ddot{h} = gh$.

2. $\frac{1}{2}\dot{h}^2 = g(h_0 - h) - gL \ln\left(\frac{L + h_0}{L + h}\right)$.

3. $v = \sqrt{2g(h_0 - h) - 2gL \ln\left(\frac{L+h_0}{L+h}\right)}$. Dans la limite où L tend vers 0 : $v = \sqrt{2g(h_0 - h)}$. L'augmentation de l'énergie cinétique de la colonne d'eau est l'opposée du travail de l'énergie potentielle de pesanteur.

4. $P = P_{\text{atm}} - \rho g L \frac{h-z}{L+h}$.

5. $P = P_{\text{atm}} + \rho g h \frac{L-x}{L+h}$.

6. Au point O, les deux expressions de la pression donnent la même valeur, qui est la valeur maximale : $P_{\text{max}} = P_{\text{atm}} + \rho g \frac{Lh}{L+h}$.

Exercice 2-4 : Principe du siphon

Soit un récipient cylindrique de section S et un tuyau de section s. On suppose $s \ll S$. Le coude du tuyau est à la hauteur h_0 au dessus du fond. La surface libre est à la hauteur h. L'eau est en écoulement parfait incompressible. L'accélération de la pesanteur est notée g.

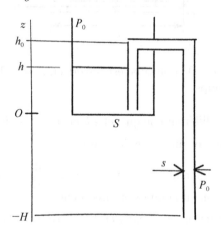

1. L'écoulement peut-il être considéré comme quasi-permanent ? Expliquer.

2. Déterminer le débit volumique D dans le tuyau en fonction de g, s, h et H distance de l'extrémité du tuyau en dessous du fond.

3. Déterminer l'équation différentielle liant h et $\dot{h}$. La résoudre. Initialement ($t = 0$), $h = h_0$.

4. Déterminer la durée totale nécessaire pour vider complètement le récipient.
   La pression atmosphérique est P_0. La masse volumique de l'eau est ρ. On suppose qu'une bulle de vapeur d'eau peut se former dans l'eau liquide si la pression de celle-ci est nulle.

5. Quelle est la valeur maximale H_{max} de H pour qu'aucune bulle d'eau vapeur ne se forme dans l'eau liquide ? Application numérique pour $P_0 = 1$ bar ; $\rho = 10$ kg·m^{-3} ; $g = 10$ m·s^{-2} ; $h_0 = 1$ m.

Solution :

2. $D = sv_{\text{sortie}} = s\sqrt{2g(h+H)}$

3. $\dfrac{\mathrm{d}h}{\sqrt{h+H}} = -\dfrac{s}{S}\sqrt{2g}\,\mathrm{d}t$

4. $t = \dfrac{S}{s}\sqrt{\dfrac{2H}{g}}(\sqrt{1+\dfrac{h_0}{H}} - 1)$

5. $H_{\max} = 9\mathrm{m}$

Exercice 2-5 : Modèle de la houle

Un fluide parfait incompressible de masse volumique ρ est en contact avec l'atmosphère selon le plan $z = 0$ lorsqu'il est au repos. Ce fluide s'étend jusqu'à l'infini du côté des z négatifs. On représente ainsi un océan de très grande profondeur.

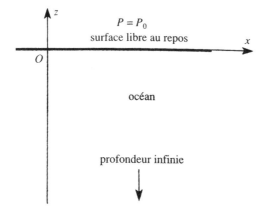

L'écoulement est bidimensionnel : on décrira le mouvement des particules dans un plan Oxz. La vitesse du fluide est de la forme $\vec{v}(M,t) = u(x,z,t)\vec{u}_x + w(x,z,t)\vec{u}_z$.

L'écoulement est potentiel. Le champ des vitesses peut donc se mettre sous la forme $\vec{v} = \overrightarrow{\text{grad}}\Phi$. On cherchera Φ sous la forme $\Phi(x,z,t) = f(z)g(x-ct)$ où f et g sont deux fonctions d'une seule variable. La constante c est homogène à une célérité. À la surface libre du fluide, en contact avec l'atmosphère, on néglige les effets de capillarité.

1. Écrire les deux équations différentielles vérifiée respectivement par les fonctions f et g. Idée : On pourra montrer d'abord que Φ vérifie l'équation de Laplace.

2. Résoudre ces deux équations, en tenant compte des conditions aux limites. Idée : On pourra écrire que, loin de la surface libre, le fluide est quasiment au repos.

3. Montrer que la grandeur $\dfrac{\partial \Phi}{\partial t} + \dfrac{v^2}{2} + \dfrac{P}{\rho} + gz$ est constante dans tout le fluide.

4. Écrire l'équation des trajectoires des particules. On supposera que les mouvements sont de petite amplitude.

Solution détaillée :

1. L'équation $\Delta\Phi = 0$ entraîne que $f(z)g''(x - ct) + f''(z)g(x - ct) = 0$, ou $\dfrac{f''(z)}{f(z)} = -\dfrac{g''(x - ct)}{g(x - ct)}$. Ces deux fonctions sont égales à une même constante, puisqu'elles sont fonctions de variables indépendantes (z et $x - ct$ respectivement). On a donc, en appelant K cette constante, que $f''(z) - Kf(z) = 0$. La fonction f ne peut pas être harmonique car elle doit tendre vers 0 quand z tend vers $-\infty$. Donc K est nécessairement positive, et on peut poser $K = k^2$ avec k un réel positif. Il vient $f''(z) - k^2 f(z) = 0$ et $f(z) = Ae^{kz} + Be^{-kz}$. B est nécessairement nulle car $f(z)$ doit tendre vers 0 quand z tend vers $-\infty$. D'où $f(z) = Ae^{kz}$. La fonction g est solution de $g'' + k^2 g = 0$.

2. On a donc que $g(x - ct) = C\cos(kx - \omega t) + D\sin(kx - \omega t)$, avec ω une pulsation telle que $\omega = kc$. On peut choisir une origine des temps t telle que $g(x - ct) = C\cos(kx - \omega t)$. D'où la solution pour Φ : $\Phi(x, z, t) = \Phi_0 e^{kz}\cos(kx - \omega t)$ où Φ_0 est une constante.

3. L'écoulement est potentiel et le fluide est incompressible, donc le théorème de Bernoulli peut être appliqué sous la forme : $\dfrac{\partial\Phi}{\partial t} + \dfrac{v^2}{2} + \dfrac{P}{\rho} + gz = B(t)$ avec B une fonction du temps seulement. Or nous remarquons que le terme de gauche dépend de la variable $(x - ct)$. Si ce terme dépend du temps, alors il dépend donc aussi nécessairement de la position x. Or ceci est impossible puisque B est une fonction du temps seulement. Conclusion : B ne dépend pas du temps, c'est-à-dire que B est une constante.

4. Le champ des vitesses, obtenu par la formule $\vec{v} = \overrightarrow{\mathrm{grad}}\Phi$, s'écrit : $\vec{v} = -\Phi_0 ke^{kz}\sin(kx - \omega t)\vec{u}_x + \Phi_0 ke^{kz}\cos(kx - \omega t)\vec{u}_z$. La trajectoire d'une particule fluide est définie par le système :

$$\left|\begin{array}{l} \dfrac{\mathrm{d}X}{\mathrm{d}t} = -\Phi_0 ke^{kZ}\sin(kX - \omega t) \\[2mm] \dfrac{\mathrm{d}Y}{\mathrm{d}t} = 0 \\[2mm] \dfrac{\mathrm{d}Z}{\mathrm{d}t} = \Phi_0 ke^{kZ}\cos(kX - \omega t) \end{array}\right.$$

Le point matériel se déplace donc dans un plan $y =$Cste. Si on suppose qu'il ne s'éloigne pas beaucoup de sa position initiale, alors on peut confondre, dans les membres de droite des équations différentielles, X et Y avec les valeurs X_0 et Z_0 définissant la position initiale du point. L'intégration est alors immédiate et conduit à :

$$\left| \begin{array}{l} X(t) - x_0 = -\dfrac{\Phi_0 k}{\omega} e^{kZ_0} \cos(kX_0 - \omega t) \\[3mm] Z(t) - z_0 = -\dfrac{\Phi_0 k}{\omega} e^{kZ_0} \sin(kX_0 - \omega t) \end{array} \right. .$$

Le point matériel a donc un mouvement circulaire centré sur un point (x_0, z_0) et de rayon $\dfrac{\Phi_0 k}{\omega} e^{kZ_0}$. Le point matériel ne s'éloignera pas beaucoup de sa position initiale si le rayon du cercle est suffisamment petit.

Exercice 2-6 : Tube de Pitot avec fluide compressible

Pour mesurer la vitesse d'un corps en mouvement dans un fluide, on peut utiliser un tube de Pitot. Il s'agit d'un tube parallèle à la vitesse de l'écoulement : voir

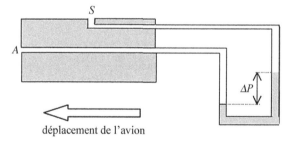

FIGURE 2.14   Schéma de principe d'un tube de Pitot.

figure 2.14.

L'étude est effectuée dans le référentiel de l'avion. Dans ce référentiel, le tube de Pitot est immobile. Loin en amont de l'écoulement, l'air est animé d'une vitesse $\vec{v}_0$, il a une masse volumique ρ_0 et sa pression est P_0. Le point A est un point d'arrêt : la vitesse de la particule fluide d'air en A est nulle. L'orifice S est suffisamment éloigné du point A pour que l'écoulement ne soit pas perturbé à cet endroit. Un manomètre différentiel mesure la différence de pression $\Delta P = P_A - P_S$. On néglige l'effet de la pesanteur.

1. En supposant le fluide incompressible, exprimer la vitesse v_0 en fonction de ΔP et de ρ_0. Idée : On peut utiliser un théorème de Bernoulli.

   On souhaite maintenant tenir compte du caractère compressible du fluide. On assimile l'air à un gaz parfait de coefficient isentropique $\gamma = \dfrac{C_P}{C_V}$. L'évolution d'une particule fluide au sein de l'air est supposée adiabatique réversible. La vitesse du son dans l'air au repos est :

$$c = \sqrt{\gamma \frac{P_0}{\rho_0}}. \tag{2.33}$$

2. Exprimer la masse volumique ρ de l'air en fonction de sa pression P.

3. Intégrer l'équation d'Euler le long d'une ligne de courant allant du point A au point S. Exprimer la vitesse v_0 en fonction de γ, de c et du rapport des pressions $\frac{P_A}{P_S}$.

4. Vérifier que l'on retrouve le résultat de la question 1 si $\frac{\Delta P}{P_S} \ll 1$.

   Pour mesurer la vitesse du fluide, on néglige la compressibilité du fluide. On note v_0 la vitesse réelle du fluide, et $v_{0,\mathrm{mes}}$ la vitesse du fluide mesurée. On définit le nombre de Mach M par :

$$M = \frac{v_{0,\mathrm{mes}}}{c}. \tag{2.34}$$

5. Montrer que l'erreur relative commise, $\dfrac{v_0 - v_{0,\mathrm{mes}}}{v_{0,\mathrm{mes}}}$, est proportionnelle à M^2.

6. Pour quel type d'avion est-il nécessaire de tenir compte de la compressibilité de l'air ?

Solution détaillée :

1. On considère une ligne de courant venant de l'infini et arrivant en A. L'écoulement est permanent et incompressible, donc on peut utiliser le théorème de Bernoulli *faible* le long de cette ligne entre l'infini et A. On trouve :

$$P_0 + \frac{1}{2}\rho_0 v_0^2 = P_A. \tag{2.35}$$

La pression dans la branche droite du tube en U est P_S, qui est aussi égale à P_0 car l'écoulement n'est pas perturbé au voisinage de S :

$$P_0 = P_S. \tag{2.36}$$

Les équations 2.35 et 2.36 conduisent à :

$$v_0 = \sqrt{\frac{2\Delta P}{\rho_0}}. \tag{2.37}$$

2. L'évolution du fluide est adiabatique réversible, et le fluide est assimilé à un gaz parfait de pression P. La loi de Laplace pour le gaz parfait est donc vérifiée, c'est-à-dire :

$$\frac{P}{\rho^\gamma} = \text{Cste} \tag{2.38}$$

ou $\dfrac{P^{1/\gamma}}{\rho} = \dfrac{P_0^{1/\gamma}}{\rho_0}$, et enfin :

$$\rho = \rho_0 \left(\frac{P}{P_0}\right)^{1/\gamma}. \tag{2.39}$$

3. L'équation d'Euler s'écrit ici, puisque le régime permanent est établi et que le poids est négligeable :

$$\overrightarrow{\text{grad}}\frac{v^2}{2} + \overrightarrow{\text{rot}}\vec{v} \wedge \vec{v} = -\frac{\overrightarrow{\text{grad}}P}{\rho}.$$

Intégrons cette équation le long d'une ligne de courant allant du point A au point S ; il vient :

$$\frac{v_0^2}{2} = -\int_{P_A}^{P_S} \frac{\mathrm{d}P}{\rho}.$$

Or on a montré à la question précédente l'expression de ρ en fonction de P :

$$\begin{aligned}
\frac{v_0^2}{2} &= -\int_{P_A}^{P_S} \frac{\mathrm{d}P}{\rho_0}\left(\frac{P_0}{P}\right)^{1/\gamma} \\
&= -\frac{P_0^{1/\gamma}}{\rho_0}\int_{P_A}^{P_S} \frac{\mathrm{d}P}{P^{1/\gamma}} \tag{2.40} \\
&= -\frac{P_0^{1/\gamma}}{\rho_0}\frac{\gamma}{\gamma-1}\left(P_S^{1-(1/\gamma)} - P_A^{1-(1/\gamma)}\right)
\end{aligned}$$

Or la célérité des ondes sonores dans l'air s'écrit $c = \sqrt{\gamma\dfrac{P_0}{\rho_0}}$, et on a donc :

$$\frac{v_0^2}{2} = -c^2\frac{1}{\gamma-1}\frac{P_S^{1-(1/\gamma)} - P_A^{1-(1/\gamma)}}{P_0^{1-(1/\gamma)}}. \tag{2.41}$$

Comme $P_S = P_0$ (écoulement non perturbé) il vient enfin que :

$$v_0 = c\sqrt{\frac{2}{\gamma-1}}\sqrt{\left(\frac{P_A}{P_0}\right)^{1-(1/\gamma)} - 1}. \tag{2.42}$$

4. On fait le calcul à l'ordre le plus bas par rapport à $\dfrac{\Delta P}{P_S}$. On retrouve sans difficulté la formule 2.37.

5. La vitesse réelle v_0 est donnée par l'équation 2.42. La vitesse $v_{0,\text{mes}}$ est donnée par l'équation 2.37. Avec les premiers 2 ordres le plus bas par rapport à $\dfrac{\Delta P}{P_S}$, on trouve après un calcul sans difficulté particulière :

$$\frac{v_0 - v_{0,\text{mes}}}{v_{0,\text{mes}}} = -\frac{1}{4\gamma}\frac{\Delta P}{P_S}.$$

La relation 2.37 trouvée dans le cas incompressible se réécrit :

$$\frac{\Delta P}{P_S} = \frac{\Delta P}{P_0} = \frac{\rho_0 v_0^2}{2P_0}. \tag{2.43}$$

Avec l'expression de la célérité des ondes acoustiques dans l'air 2.33, il vient :

$$\frac{1}{4\gamma}\frac{\Delta P}{P_S} = \frac{1}{4\gamma}\frac{\rho_0 v_0^2}{2P_0} = \frac{v_0^2}{8c^2} = \frac{M^2}{8}. \tag{2.44}$$

Il vient enfin que, à l'ordre le plus bas par rapport à M (qui est l'ordre 2) :

$$\frac{v_0 - v_{0,\text{mes}}}{v_{0,\text{mes}}} = -\frac{M^2}{8}. \tag{2.45}$$

La vitesse réelle est inférieure à la vitesse mesurée : la mesure surestime la vitesse.

6. Supposons que la limite acceptable, pour la mesure soit 2% de la valeur réelle : $\dfrac{v_0 - v_{0,\text{mes}}}{v_{0,\text{mes}}} = -0,02$. Cela correspond à $M = 0,4$. Si on accepte 10% de la valeur réelle, M sera plus proche de 1. Il sera nécessaire de tenir compte de la compressibilité dans le cas d'avions qui volent à une vitesse proche de celle du son, voire supérieure.

Exercice 2-7 : Vase de Tantale

Avec une source continue de faible débit, on peut obtenir une source intermittente de fort débit. Un exemple est donné par le système ci-dessous, appelé vase de Tantale.

Le tuyau a une section s. Le récipient (appelé aussi vase) a une section $S \gg s$. Le débit volumique D est constant. L'eau est un fluide parfait incompressible. Initialement, le vase est vide : $h(t = 0) = 0$.

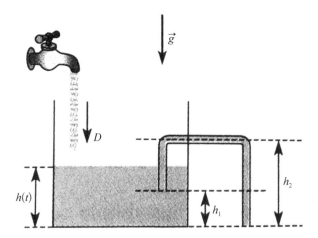

1. Décrire l'évolution du système au cours du temps de manière qualitative. Montrer qu'il existe une valeur critique du débit du siphon, notée D_c. Idée : Discuter en fonction de la valeur de D. Attention : Ne faire aucun calcul pour répondre à cette question.

2. Exprimer D_c en fonction de h_1, s et g.

3. Supposons $D \ll D_c$. Tracer l'allure du graphe de la fonction $h(t)$. Exprimer une valeur approchée de la période T du système.

4. On ne suppose pas $D \ll D_c$. Exprimer la durée τ_v de la vidange du vase.

5. On suppose $D < D_c$. Exprimer la période T des oscillations. Application numérique avec $h_1 = 10$ cm ; $h_2 = 40$ cm ; $g = 10$ m$\cdot s^{-2}$; $S = 100$ cm^2 ; $s = 1$ cm^2 ; $D = 0,014$ L$\cdot s^{-1}$. Calculer D_c, τ, τ_v et T.

On donne l'intégrale de la fonction qui à u associe $\dfrac{\mathrm{d}u}{\lambda - \sqrt{u}}$, avec λ une constante positive strictement inférieure à 1, et a une constante strictement supérieure à 1 :

$$\int\limits_a^1 \frac{\mathrm{d}u}{\lambda - \sqrt{u}} = 2\left[\sqrt{a} - 1 + \lambda \ln\left(\frac{\sqrt{a} - \lambda}{1 - \lambda}\right)\right]$$

Solution détaillée :

1. La hauteur h augmente linéairement jusqu'au niveau h_2. À ce niveau, le tube est rempli, et le siphon s'amorce. L'extrémité droite du tube est en dessous de l'extrémité gauche, donc le siphon débite et h diminue.

Cas D petit : $D < D_c$. Le débit D_s du siphon est toujours supérieur à D. Le niveau h revient à h_1. À ce moment, le tube se vide : le siphon est désamorcé. Ensuite le niveau h remonte jusqu'à h_2. Un nouveau cycle commence. Le fonctionnement du système est périodique.

Cas D grand : $D > D_c$. Il existe une valeur de h telle que $D = D_s$. Quand cette valeur de h est atteinte, le niveau h reste constant : le système cesse d'évoluer.

2. On suppose que le siphon fonctionne. On suppose que l'écoulement est quasi-permanent. On applique le théorème de Bernoulli le long d'une ligne de courant AB. La pression est la même en A et en B. La vitesse en A est négligeable devant celle en B car $S \gg s$ et le fluide est incompressible. D'où : $\frac{1}{2}v_B^2 = gh$ et $D_s = sv_B = s\sqrt{2gh}$.

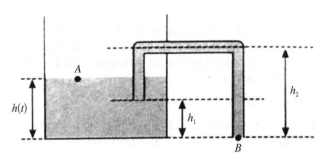

À la limite du fonctionnement périodique, $D_s = D$ pour $h = h_1$, d'où la valeur critique du débit D : $D_c = s\sqrt{2gh_1}$. D_c est la valeur minimale du débit du siphon.

3. Supposons $D \ll D_c$. La durée de vidange est très petite devant la durée de remplissage. Dans ce cas, la période T est quasi-égale à la durée de remplissage du vase : $T = \dfrac{S(h_2 - h_1)}{D}$.

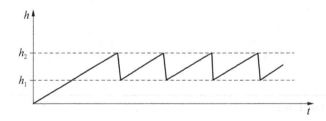

4. Pendant la vidange, le niveau h vérifie l'équation : $S\dfrac{\mathrm{d}h}{\mathrm{d}t} = D - D_s$ avec D_s le débit calculé ci-dessus : $S\dfrac{\mathrm{d}h}{\mathrm{d}t} = D - s\sqrt{2gh}$. Posons les grandeurs adimension-

nelles $u = \frac{h}{h_1}$ et $v = \frac{t}{\tau}$, avec la durée caractéristique $\tau = \frac{Sh_1}{D_c} = \frac{Sh_1}{s\sqrt{2gh_1}} = \frac{S}{s}\sqrt{\frac{h_1}{2g}}$. La grandeur u est solution de l'équation $D_c\frac{du}{dv} = D - D_c\sqrt{u}$, soit

$\frac{du}{dv} = \frac{D}{D_c} - \sqrt{u}$. Séparons les variables : $dv = \dfrac{du}{\dfrac{D}{D_c} - \sqrt{u}}$.

La durée de vidange τ_v est telle que h varie de h_2 à h_1, soit u varie de $\frac{h_2}{h_1}$ à 1 :

$$\frac{\tau_v}{\tau} = \int_{h_2/h_1}^{1} \frac{du}{\frac{D}{D_c} - \sqrt{u}} = 2\left[\sqrt{\frac{h_2}{h_1}} - 1 + \frac{D}{D_c}\ln\left(\frac{\sqrt{\frac{h_2}{h_1}} - \frac{D}{D_c}}{1 - \frac{D}{D_c}}\right)\right]$$

5. Si $D < D_c$ alors le système évolue périodiquement. La période T des oscillations est la somme de la durée de remplissage et de la durée de vidange τ_v :

$$T = \frac{S(h_2 - h_1)}{D} + 2\tau\left[\sqrt{\frac{h_2}{h_1}} - 1 + \frac{D}{D_c}\ln\left(\frac{\sqrt{\frac{h_2}{h_1}} - \frac{D}{D_c}}{1 - \frac{D}{D_c}}\right)\right]$$

Numériquement : $D_c = 1,4\cdot10^{-4}$ m$^3\cdot$s^{-1} $= 0,14$ L$\cdot$s^{-1} ; on a donc $D_c = 10D$; $\tau = 7,1$ s ; $\tau_v = 15$ s ; durée de remplissage $= 214$ s. D'où la période des oscillations : $T = 230$ s.

Exercice 2-8 : Écoulement autour d'un anneau de vorticité

Dans tout ce problème, on considère des écoulements incompressibles. Le fluide est de masse volumique ρ supposée constante. Le fluide est en mouvement dans un référentiel $\mathcal{R}$ supposé galiléen. Le champ de vitesse $\vec{v}$ est régulier, de sorte que l'on peut définir partout sa vorticité $\vec{\omega} = \overrightarrow{\text{rot}}\vec{v}$. Le vecteur tourbillon est $\vec{\Omega} = \frac{1}{2}\vec{\omega}$.

Un **anneau de vorticité** est un tube de vorticité fermé sur lui-même, entouré par un volume de fluide où la vorticité est nulle. Dans l'anneau, la vorticité $\vec{\omega}$ est non nulle. L'anneau a une forme de tore de rayon R, avec une section circulaire de rayon ξ. Le centre de l'anneau est sur l'axe Oz. On utilisera un système de coordonnées cylindriques d'axe Oz, avec Oz l'axe de l'anneau. Le repère cylindrique est noté $(\vec{e}_r, \vec{e}_\theta, \vec{e}_z)$. Dans ce repère, la vorticité s'écrit sous la forme :

$$\vec{\omega} = \omega\vec{e}_\theta \quad \text{avec} \quad \omega > 0 \tag{2.46}$$

Nous considérons de plus que ω est une constante.

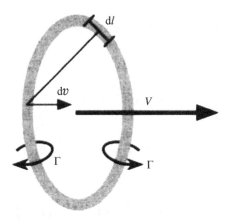

FIGURE 2.15   Anneau de vorticité.

La circulation de la vitesse autour de l'anneau est notée Γ : voir figure 2.15. On peut définir un champ de vecteur circulation :

$$\vec{\Gamma} = \Gamma \vec{e}_\theta. \tag{2.47}$$

En dehors de l'anneau, $\vec{\omega}$ est nul.

1. Exprimer Γ en fonction de ω et ξ.

Vitesse de translation de l'anneau

On se place ici dans le cas général où la distribution de vorticité (D) est d'extension finie dans l'espace. Un écoulement incompressible présente une analogie avec la magnétostatique dans le vide : $\vec{B}/\mu_0$ est analogue à $\vec{v}$, $\vec{J}$ est analogue à $\vec{\omega}$, avec $\vec{B}$ le champ magnétique et $\vec{J}$ la densité volumique de courant. On suppose que la vorticité est stationnaire, ou évolue lentement au cours du temps.

2. Justifier que la vitesse en tout point M du fluide peut s'écrire sous la forme :

$$\vec{v}(M) = \frac{1}{4\pi} \iiint\limits_{(D)} \frac{\vec{\omega}(P) \wedge \overrightarrow{PM}}{PM^3} \mathrm{d}\tau(P) \tag{2.48}$$

avec P le point où est considérée la vorticité $\vec{\omega}(P)$, et $\mathrm{d}\tau(P)$ un volume élémentaire au voisinage de P.

3. Expliquer pourquoi l'anneau se déplace dans $\mathcal{R}$.

4. Exprimer sa vitesse de translation $\vec{U}$ en fonction de Γ, R et ξ. Préciser le sens de $\vec{U}$.

5. Comment varie $U = \| \vec{U} \|$ quand le rayon de l'anneau R augmente ?

Énergie cinétique du tourbillon

On considère l'énergie du fluide dans tout l'espace : le fluide dans l'anneau de vorticité, et le fluide en mouvement autour de l'anneau. L'énergie cinétique par unité de longueur le long de l'anneau est de la forme

$$e_c = \frac{\mathrm{d}E_c}{R\mathrm{d}\theta} = \rho \frac{\Gamma^2}{4\pi} \ln\left(\frac{R}{\xi}\right) \tag{2.49}$$

avec $\mathrm{d}E_c$ la quantité élémentaire de cette énergie correspondant à la portion de l'anneau de longueur $R\mathrm{d}\theta$.

6. Expliquer comment on obtient l'expression 2.49.

7. Exprimer E_c en fonction de ρ, Γ, R et ξ.

8. Comment varie l'énergie cinétique, quand le rayon R de l'anneau augmente ?

   On considère deux anneaux A_1 et A_2 de même axe Oz et de même circulation Γ. Ces deux anneaux interagissent. On observe (voir figure 2.16) que l'anneau A_1, d'abord derrière l'anneau A_2, est accéléré et que son rayon R_1 diminue. Il traverse l'intérieur de l'anneau A_2, et ressort en avant de l'anneau A_2.

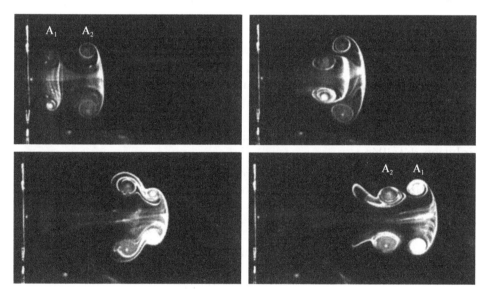

FIGURE 2.16   Mouvement relatif de deux anneaux de tourbillons coaxiaux et ayant la même circulation. Les quatre photos doivent être lues de gauche à droite et de haut en bas.

9. Interpréter ces observations.

Impulsion de l'anneau

On suppose que, à partir de l'instant $t_0 = 0$, l'anneau est soumis à une force $\vec{F} = F\vec{e}_z$ constante, avec $\vec{F}$ et $\vec{U}$ de même sens. On observe que l'anneau se déplace dans le sens des z croissants à vitesse de translation constante, et que son rayon R augmente au cours du temps.

10. Interpréter ces observations.

   L'augmentation du rayon R entraîne l'apparition d'une force de portance $\vec{F}_p = F_p\vec{e}_z$ exercée sur l'anneau par le fluide autour de l'anneau. Cette force est en réalité l'intégrale de forces élémentaires de la forme $\mathrm{d}\vec{F}_p = \mathrm{d}F_p\vec{e}_z$, avec $\mathrm{d}\vec{F}_p$ la force exercée sur la portion $R\mathrm{d}\theta$ de l'anneau.

11. Exprimer $\mathrm{d}F_p$ en fonction de $R\mathrm{d}\theta$, ρ, $\dot{R} = \dfrac{\mathrm{d}R}{\mathrm{d}t}$, Γ.

12. Intégrer cette expression afin d'obtenir F_p en fonction de ρ, R, $\dot{R} = \dfrac{\mathrm{d}R}{\mathrm{d}t}$, Γ.

   Au cours de cette évolution, le centre de l'anneau se déplace le long de l'axe Oz à vitesse constante. La force $\vec{F}$ cesse d'être appliquée à l'instant $t_1 > t_0$. À l'instant t_1 on note $\vec{P} = P\vec{e}_z$ la quantité de mouvement totale du fluide.

13. Donner une expression de la force $\vec{F}$.

14. Donner une expression de P en fonction de ρ, Γ et $R(t_1)$.

   En $z = h > 0$ se trouve une paroi solide perpendiculaire à la direction $\vec{e}_z$. L'anneau se déforme en s'approchant de cette paroi.

15. Comment l'anneau est-il déformé? Quel est son mouvement?

Solution détaillée :

1. Le théorème de Stokes donne la relation entre la circulation de la vitesse autour de l'anneau, et le flux de la vorticité à travers toute section de l'anneau. On trouve sans difficulté :

$$\Gamma = \pi\xi^2\omega. \tag{2.50}$$

2. On applique l'analogie avec la formule de Biot-Savart de la magnétostatique :

$$\vec{B}(M) = \frac{\mu_0}{4\pi} \iiint\limits_{(D)} \frac{\vec{J}(P) \wedge \overrightarrow{PM}}{PM^3}\mathrm{d}\tau(P) \tag{2.51}$$

3. Soit un point M de l'anneau. La formule 2.48 montre que, en M, la vitesse est non nulle. De plus, elle montre que cette vitesse est la même pour tout point M de l'anneau. On la note $\vec{U}$. L'anneau se déplace dans son ensemble à cette vitesse. Il est donc en translation à vitesse $\vec{U}$ dans le référentiel $\mathcal{R}$.

4. Notons Oxy le plan de symétrie de l'anneau perpendiculaire à l'axe de l'anneau Oz. La symétrie du champ de vorticité $\vec{\omega}$ entraîne que la vitesse du fluide, en tout point du plan Oxy, est orthogonale à ce plan :

$$\vec{U} = U\vec{e}_z. \tag{2.52}$$

La formule 2.48 donne alors l'expression intégrale de U :

$$U = \vec{U} \cdot \vec{e}_z = \frac{1}{4\pi} \iiint\limits_{(D)} \frac{(\vec{\omega}(P) \wedge \overrightarrow{PM}) \cdot \vec{e}_z}{PM^3} \mathrm{d}\tau(P) \tag{2.53}$$

Par ailleurs, on a l'identité vectorielle (par définition du déterminant) :

$$(\vec{\omega} \wedge \overrightarrow{PM}) \cdot \vec{e}_z = (\vec{e}_z \wedge \vec{\omega}) \cdot \overrightarrow{PM}. \tag{2.54}$$

Le plan de symétrie de l'anneau Oxy est muni d'un système de coordonnées cartésiennes à deux dimensions $(\vec{e}_x, \vec{e}_y)$. La vitesse est la même en tout point de l'anneau. Choisissons comme point de l'anneau, le point A situé en $x = -R$, $y = 0$, $z = 0$. Choisissons un paramétrage adapté au tore. Un point courant P de l'anneau a pour coordonnées $x = (R + r\cos\varphi)\cos\theta$, $y = (R + r\cos\varphi)\sin\theta$, $z = r\sin\varphi$. Par suite, on a les expressions :

$$\overrightarrow{PA} \begin{vmatrix} -R - (R + r\cos\varphi)\cos\theta \\ -(R + r\cos\varphi)\sin\theta \\ -r\sin\varphi \end{vmatrix} \tag{2.55}$$

$$\begin{aligned} PA^3 &= \left(R^2 + (R + r\cos\varphi)^2 + r^2\sin^2\varphi + 2R(R + r\cos\varphi)\cos\theta\right)^{3/2} \\ &= \left(r^2 + 2R^2(1 + \frac{r}{R}\cos\varphi)(1 + \cos\theta)\right)^{3/2}. \end{aligned} \tag{2.56}$$

Ces expressions, avec le résultat 2.54, conduisent à l'expression :

$$\begin{aligned} (\vec{\omega} \wedge \overrightarrow{PA}) \cdot \vec{e}_z &= -\omega\vec{e}_r \cdot \overrightarrow{PA} \\ &= \omega\left(R + (R + r\cos\varphi)\cos\theta\right)\vec{e}_r \cdot \vec{e}_x + \omega(R + r\cos\varphi)\sin\theta\vec{e}_r \cdot \vec{e}_y \\ &= \omega\left(R + (R + r\cos\varphi)\cos\theta\right)\cos\theta + \omega(R + r\cos\varphi)\sin^2\theta \\ &= \omega(R(1 + \cos\theta) + r\cos\varphi). \end{aligned} \tag{2.57}$$

L'expression intégrale de la vitesse U s'écrit alors :

$$U = \frac{1}{4\pi}\iiint_{(D)} \frac{(\vec{\omega}(P) \wedge \overrightarrow{PA})\cdot \vec{e}_z}{PA^3}\mathrm{d}\tau(P)$$

$$= \frac{\omega}{4\pi}\iiint \frac{R(1+\cos\theta)+r\cos\varphi}{\left(r^2 + 2R^2(1+\frac{r}{R}\cos\varphi)(1+\cos\theta)\right)^{3/2}}r(R+r\cos\varphi)\mathrm{d}r\mathrm{d}\varphi\mathrm{d}\theta$$

$$= \frac{\omega}{4\pi}\iiint \frac{rR^2(1+\frac{r}{R}\cos\varphi)(1+\cos\theta)+r^2R(1+\frac{r}{R}\cos\varphi)\cos\varphi}{\left(r^2 + 2R^2(1+\frac{r}{R}\cos\varphi)(1+\cos\theta)\right)^{3/2}}\mathrm{d}r\mathrm{d}\varphi\mathrm{d}\theta$$

$$= \frac{\omega}{4\pi}\iiint \frac{rR^2(1+\frac{r}{R}\cos\varphi)(1+\cos\theta)}{\left(r^2 + 2R^2(1+\frac{r}{R}\cos\varphi)(1+\cos\theta)\right)^{3/2}}\mathrm{d}r\mathrm{d}\varphi\mathrm{d}\theta$$

$$+ \frac{\omega}{4\pi}\iiint \frac{r^2R(1+\frac{r}{R}\cos\varphi)\cos\varphi}{\left(r^2 + 2R^2(1+\frac{r}{R}\cos\varphi)(1+\cos\theta)\right)^{3/2}}\mathrm{d}r\mathrm{d}\varphi\mathrm{d}\theta.$$

$$(2.58)$$

Dans la dernière expression intégrale, l'intégration sur les variables θ, φ et r sont resp. sur les segments $[0, 2\pi]$, $[0, 2\pi]$ et $[0, \xi]$. Le calcul, avec la relation 2.50, conduit finalement à

$$U = \frac{\Gamma}{4\pi R}\left(\ln\left(\frac{8R}{\xi}\right) - \frac{1}{2}\right).$$

$$(2.59)$$

Le rayon de la section ξ est supposé petit devant R. Dans la limite $R \gg \xi$, on a l'expression approchée suivante :

$$U = \frac{\Gamma}{4\pi R}\ln\left(\frac{R}{\xi}\right).$$

$$(2.60)$$

Par suite, $U > 0$: l'anneau se déplace dans la direction et le sens de $\vec{e}_z$.

5. La formule 2.60 montre que, plus R est grand, plus U est petite. Un anneau de grand rayon, se déplace lentement.

Remarque La figure 2.16 est une illustration expérimentale de la relation qui relie R et U. On pouvait donc aussi répondre à cette question, en observant et en analysant correctement cette figure.

6. **Première approche : analogie avec l'auto-inductance**. Continuons l'analogie avec la magnétostatique. L'énergie cinétique de l'écoulement est de la forme $E_c = \iiint \frac{1}{2}\rho v^2 \mathrm{d}\tau$. L'énergie magnétostatique contenue dans l'espace est $W = \iiint \frac{B^2}{2\mu_0}\mathrm{d}\tau = \iiint \frac{1}{2}\mu_0\left(\frac{B}{\mu_0}\right)^2 \mathrm{d}\tau$. On a donc les correspondances :

$$\vec{v} \longleftrightarrow \frac{\vec{B}}{\mu_0}$$
$$\vec{\omega} \longleftrightarrow \vec{J} \qquad\qquad (2.61)$$
$$\Gamma \longleftrightarrow I$$
$$\rho \longleftrightarrow \mu_0.$$

On sait que l'énergie magnétique de l'espace peut s'écrire sous la forme :

$$W = \frac{1}{2} L I^2 \qquad\qquad (2.62)$$

avec L l'auto-inductance du système, ici l'anneau. Or l'expression de l'auto-inductance d'un anneau, à l'ordre le plus bas par rapport à la quantité très grande $\dfrac{R}{\xi}$, est :

$$L = \mu_0 R \ln\left(\frac{R}{\xi}\right). \qquad\qquad (2.63)$$

Suivant l'analogie 2.61, on obtient les expressions suivantes en hydrodynamique :

$$E_c = \frac{1}{2} L_h \Gamma^2 \quad \text{avec} \quad L_h = \rho R \ln\left(\frac{R}{\xi}\right) \qquad\qquad (2.64)$$

et donc, finalement :

$$E_c = \frac{1}{2} \rho R \Gamma^2 \ln\left(\frac{R}{\xi}\right). \qquad\qquad (2.65)$$

Cette expression correspond à la densité linéique d'énergie cinétique donnée dans l'expression 2.49.

Deuxième approche : calcul intégral direct. Considérons que l'anneau a un grand rayon de courbure : à la limite, on peut considérer un fil de vorticité rectiligne infiniment long. Pour un tel fil, le champ de vitesse dans l'espace autour du fil est $\vec{v} = \dfrac{\Gamma}{2\pi r}\vec{e}_\theta$ dans un système de coordonnées cylindriques où Oz est l'axe central du fil de vorticité [2]. L'énergie cinétique d'un volume élémentaire de fluide $r\mathrm{d}r\mathrm{d}\theta\mathrm{d}z$ est $\mathrm{d}E_c = \dfrac{\Gamma^2}{4\pi^2 r}\mathrm{d}r\mathrm{d}\theta\mathrm{d}z$. Intégrons cette formule par rapport à θ : on obtient une énergie cinétique $\rho\dfrac{\Gamma^2}{2\pi r}\mathrm{d}r\mathrm{d}z$

---

2. Attention : cet axe Oz n'est pas le même que celui qui était auparavant noté axe Oz de l'anneau.

Transposons cette formule au cas de l'anneau de grande courbure : $\rho\Gamma^2 \dfrac{R}{2\pi r}\mathrm{d}r\mathrm{d}\theta$ avec θ l'angle autour de l'axe Oz de l'anneau. Intégrons cette quantité par rapport à la distance r à l'axe de l'anneau :

$$\rho\Gamma^2 \frac{R}{2\pi}\ln\left(\frac{r_2}{r_1}\right)\mathrm{d}\theta$$

avec r_1 et r_2 deux distances caractéristiques, avec $r_2 > r_1$. Ici les deux distances caractéristiques sont ξ et R. En particulier, le rayon de l'anneau R joue le rôle d'une limite supérieure pour l'intégration des énergies cinétiques élémentaires. On a donc la quantité d'énergie

$$\mathrm{d}E_c = \rho\Gamma^2 \frac{R}{2\pi}\ln\left(\frac{R}{\xi}\right)\mathrm{d}\theta$$

qui représente l'énergie cinétique du tourbillon pour une longueur $R\mathrm{d}\theta$ le long de l'anneau. D'où le résultat demandé pour l'énergie cinétique par unité de longueur le long de l'anneau :

$$e_c = \frac{\mathrm{d}E_c}{R\mathrm{d}\theta} = \rho\frac{\Gamma^2}{4\pi}\ln\left(\frac{R}{\xi}\right) \tag{2.66}$$

7. À partir de la formule pour e_c, l'énergie cinétique totale du tourbillon est obtenue par intégration le long du périmètre de l'anneau, ce qui conduit à :

$$E_c = \frac{1}{2}\rho R\Gamma^2 \ln\left(\frac{R}{\xi}\right). \tag{2.67}$$

8. On voit sur l'expression de E_c que l'énergie cinétique augmente quand R augmente.

9. D'abord, le tourbillon A_2 exerce une pression radiale sur l'extérieur de l'anneau A_1, ce qui a pour effet de diminuer le rayon R_1 de l'anneau A_1. De ce fait (d'après la relation 2.60) l'anneau A_1 est accéléré. Il avance plus vite que l'anneau A_2, et en traverse l'intérieur. Ensuite, le tourbillon A_2 exerce une pression radiale sur l'intérieur de l'anneau A_1, ce qui a pour effet d'augmenter le rayon R_1 de l'anneau A_1. Les rôles de A_1 et A_2 sont inversés : le tourbillon A_2 va diminuer de rayon, être accéléré, traverser l'intérieur de A_1. Et ainsi de suite.

10. L'augmentation de R signifie que E_c augmente (d'après la formule 2.65). Le théorème de l'énergie cinétique appliqué au tourbillon entraîne que le tourbillon reçoit un travail qui est égal à la variation de son énergie cinétique. Ce travail lui est donné par la force $\vec{F}$.

11. Nous prenons ici pour système l'anneau de vorticité seul (sans le fluide environnant). La variation de rayon entraîne un mouvement relatif de l'anneau de vorticité, par rapport au fluide environnant. De ce fait, l'effet Magnus intervient. On applique la formule classique pour la portance :

$$\mathrm{d}\vec{F}_p = \rho R \mathrm{d}\theta(-\dot{R}\vec{e}_r) \wedge \vec{\Gamma} \qquad (2.68)$$

avec $\vec{\Gamma} = \Gamma\vec{e}_\theta$ et Γ la circulation autour du tourbillon. Attention : $-\dot{R}\vec{e}_r$ représente la vitesse du fluide par rapport à l'anneau. Après calcul on trouve :

$$\mathrm{d}F_p = -\rho R \mathrm{d}\theta \dot{R}\Gamma. \qquad (2.69)$$

12. Après intégration sur le périmètre de l'anneau, on trouve :

$$F_p = -2\pi\rho\Gamma R\dot{R}. \qquad (2.70)$$

13. Entre t_0 et t_1, le tourbillon avance à vitesse constante. D'après le théorème du centre de masse appliqué à ce système, la résultante des forces qui lui sont appliquées, c'est-à-dire $\vec{F} + \vec{F}_p$, est nulle. On en déduit que $\vec{F} = -\vec{F}_p$, d'où l'expression de la force appliquée à l'anneau :

$$\vec{F} = 2\pi\rho\Gamma R\dot{R}\vec{e}_z. \qquad (2.71)$$

14. Nous prenons ici pour système le tourbillon dans son ensemble : l'anneau de vorticité, et le fluide environnant. D'après le théorème de la résultante cinétique appliqué à ce système, à tout instant entre t_0 et t_1, on a : $\dfrac{\mathrm{d}\vec{P}}{\mathrm{d}t} = \vec{F}$.

Comme $\vec{P} = P\vec{e}_z$, on a aussi $\dfrac{\mathrm{d}P}{\mathrm{d}t} = F$, et $P = \displaystyle\int_{t_0}^{t_1} F\mathrm{d}t$ soit, avec l'expression 2.71 :

$$P = \int_{R(t_0)}^{R(t_1)} 2\pi\rho\Gamma R\mathrm{d}R = \pi\rho\Gamma(R(t_1)^2 - R(t_0)^2). \qquad (2.72)$$

Négligeons le rayon initial par rapport au rayon final. Il vient finalement :

$$P = \int_{R(t_0)}^{R(t_1)} 2\pi\rho\Gamma R\mathrm{d}R = \pi\rho\Gamma R(t_1)^2 \qquad (2.73)$$

15. Quand le tourbillon approche de la paroi, sa vitesse d'approche $\vec{U} = U\vec{e}_z$ est de plus en plus petite. D'après l'expression 2.60, on a que le rayon de l'anneau R augmente.

Par la suite, l'anneau de vorticité continue à s'approcher de la paroi, avec une vitesse d'approche U de plus en plus petite, et tendant vers 0.

Chapitre 3

DYNAMIQUE DES FLUIDES RÉELS

On sait que, dans un fluide au repos, les forces de surface agissent toujours perpendiculairement à la surface. Il n'y a pas d'action tangentielle à la surface. Dans un fluide réel en mouvement, il y a en général une composante tangentielle de la force de surface. L'existence de cette composante tangentielle est due à la viscosité du fluide réel.

3.1 FORCES DE VISCOSITÉ

3.1.1 Expression générale des forces de surface

Contraintes dans un fluide

Considérons un élément de surface d'aire dS dans un fluide. On note $d\vec{F}$ la force exercée par la fraction de fluide située du côté extérieur de l'élément. La contrainte $\vec{\sigma}$ exercée par cette fraction de fluide est le quotient

$$\vec{\sigma} = \frac{d\vec{F}}{dS}. \tag{3.1}$$

La contrainte $\vec{\sigma}$ est donc exprimée en Pascal (Pa). Dans un fluide au repos, elle est *normale* aux éléments de surface et sa norme est indépendante de l'orientation de ceux-ci. La contrainte étant isotrope, il suffit d'un seul nombre pour en caractériser la valeur en chaque point ; c'est la *pression hydrostatique*.

Dans un fluide parfait, même en mouvement, la contrainte est également normale, et il suffit de définir la pression pour en caractériser la valeur : c'est ce que nous avons décrit au début du chapitre 2.

Dans un fluide visqueux en mouvement, il apparaît en outre des contraintes *tangentes* à l'élément de surface dS : voir figure 3.1. Ces contraintes tangentielles représentent les forces de frottement entre des couches de fluide glissant les unes par rapport aux autres, et sont dues à la viscosité du fluide. Pour préciser ces forces,

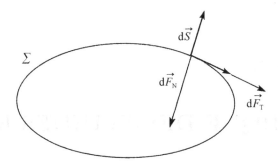

FIGURE 3.1   Un fluide visqueux occupe une région de l'espace. La surface fermée (Σ), dans cette région, contient du fluide. Localement en un point M de (Σ), s'applique une force de surface $\mathrm{d}\vec{F}$ qui a deux composantes : une composante normale à la surface $\mathrm{d}\vec{F}_N$ qui est la force de pression, et une composante tangentielle $\mathrm{d}\vec{F}_T$ qui est la force de viscosité.

il est nécessaire de connaître :

— l'orientation de la surface $\mathrm{d}S$ dans l'espace ; elle est définie à l'aide du vecteur unitaire $\vec{n}$ normal à la surface (on notera $\mathrm{d}\vec{S}$ le vecteur de norme $\mathrm{d}S$ et orienté dans la direction de $\vec{n}$) ;

— les valeurs des trois composantes de la force par unité de surface suivant les axes Ox, Oy, Oz d'un trièdre de référence, pour trois orientations de surfaces unités perpendiculaires à ces axes.

Cela conduit à neuf coefficients σ_{ij} que l'on peut mettre sous forme d'un tableau à trois lignes et trois colonnes, qui représente le *tenseur des contraintes* dans le fluide considéré. Ce tenseur s'écrit comme une matrice trois sur trois ; l'élément Oij du tenseur ($i = 1$ à 3, $j = 1$ à 3) représente la composante suivant i de la contrainte, ou force par unité de surface, exercée sur une surface dont la normale est orientée suivant j. Ainsi :

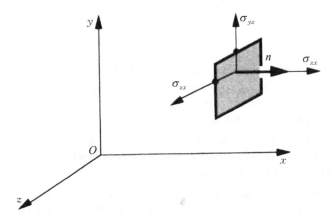

FIGURE 3.2   Composantes σ_{xx}, σ_{yx} et σ_{zx} de la contrainte exercée sur une surface dont la normale est orientée suivant Ox.

— σ_{yx} est la composante suivant Oy de la force exercée sur une surface unité dont la normale est orientée suivant Ox (figure 3.2) ; c'est une *contrainte tangentielle* ;

— σ_{xx} est la composante suivant Ox de la force exercée sur une surface perpendiculaire à la même direction Ox ; c'est une *contrainte normale*.

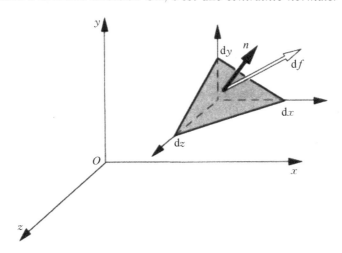

FIGURE 3.3   Détermination de la contrainte sur une surface d'aire dS de normale $\vec{n}$ d'orientation quelconque. En raison de l'existence de contraintes tangentielles sur la surface, la force d$\vec{f}$ n'est pas colinéaire au vecteur $\vec{n}$ normal à la surface.

Déterminons maintenant la contrainte σ_n exercée sur une surface dS de normale $\vec{n}$ quelconque : voir figure 3.3. Analysons pour cela les forces exercées sur un tétraèdre dont trois des arêtes sont parallèles aux directions Ox, Oy et Oz, et de longueurs dx, dy et dz ; la face bordée par les trois autres arêtes a une normale dirigée suivant le vecteur unitaire $\vec{n}$ de composantes n_x , n_y et n_z ; $\vec{n}$ est dirige vers l'extérieur du volume du tétraèdre. Notons σ_{xn}dS, σ_{yn}dS et σ_{zn}dS les composantes suivant Ox, Oy et Oz de la force de contrainte exercée sur la surface dS de normale $\vec{n}$. Déterminons, par exemple, σ_{xn} en écrivant l'équilibre de l'ensemble des forces exercées sur les faces du tétraèdre.

Les composantes suivant Ox des forces exercées sur les faces perpendiculaires à Ox, Oy et Oz sont respectivement :

$$(-\sigma_{xx})n_x \mathrm{d}S \quad ; \quad (-\sigma_{xy})n_y \mathrm{d}S \quad ; \quad (-\sigma_{xz})n_z \mathrm{d}S. \tag{3.2}$$

On a utilise les définitions des composantes de contrainte normales et de cisaillement, et le fait que les surfaces dS_x , dS_y et dS_z auxquelles ces contraintes s'appliquent sont égales au produit de dS par les cosinus directeurs n_x , n_y et n_z de $\vec{n}$ selon les trois axes. Les signes négatifs proviennent du fait que les normales à ces trois surfaces sont orientées extérieurement au volume du tétraèdre, et de la définition des contraintes. La contrainte totale sur l'ensemble des quatre faces du tétraèdre a donc pour composante suivant Ox :

$$\sigma_{xn}\mathrm{d}S - \sigma_{xx}n_x\mathrm{d}S - \sigma_{xy}n_y\mathrm{d}S - \sigma_{xz}n_z\mathrm{d}S = (\sigma_{xn} - \sigma_{xx}n_x - \sigma_{xy}n_y - \sigma_{xz}n_z)\mathrm{d}S \quad (3.3)$$

écrivons la loi de Newton en notant $\mathrm{d}V$ le volume de l'élément, ρ sa densité, $\mathrm{d}^2x/\mathrm{d}t^2$ son accélération suivant Ox et f_x une éventuelle force en volume comme, par exemple, la gravité ; on trouve :

$$(\sigma_{xn} - \sigma_{xx}n_x - \sigma_{xy}n_y - \sigma_{xz}n_z)\mathrm{d}S + f_x\mathrm{d}V = \rho\mathrm{d}V\frac{\mathrm{d}^2x}{\mathrm{d}t^2}. \quad (3.4)$$

Faisons maintenant tendre la taille de l'élément vers zéro en réduisant de manière homothétique chacune de ses dimensions, ce qui permet de conserver l'orientation de $\vec{n}$. $\mathrm{d}V$ tend vers zéro comme $\mathrm{d}S^{3/2}$. Les deux derniers termes qui contiennent $\mathrm{d}V$ dans l'équation 3.4 tendent vers zéro plus rapidement que le terme qui contient $\mathrm{d}S$, et ne peuvent donc le compenser. Il en résulte que ce dernier doit être identiquement nul, ce qui conduit à l'égalité :

$$\sigma_{xn} = \sigma_{xx}n_x + \sigma_{xy}n_y + \sigma_{xz}n_z. \quad (3.5)$$

En utilisant la symétrie entre les indices, on trouve une relation équivalente pour les deux autres composantes σ_{yn} et σ_{zn}. On obtient ainsi l'égalité matricielle :

$$\begin{bmatrix} \sigma_{xn} \\ \sigma_{yn} \\ \sigma_{zn} \end{bmatrix} = \begin{bmatrix} \sigma_{xx} & \sigma_{xy} & \sigma_{xz} \\ \sigma_{yx} & \sigma_{yy} & \sigma_{yz} \\ \sigma_{zx} & \sigma_{zy} & \sigma_{zz} \end{bmatrix} \begin{bmatrix} n_x \\ n_y \\ n_z \end{bmatrix} \quad (3.6)$$

qui peut être récrite sous la forme :

$$\frac{\mathrm{d}\vec{F}}{\mathrm{d}S} = \vec{\sigma}_n = [\sigma] \cdot \vec{n}. \quad (3.7)$$

Le vecteur $\vec{\sigma}_n$ est l'image du vecteur $\vec{n}$ par le tenseur $[\sigma]$. Cette relation est intrinsèque : elle ne dépend pas du système de coordonnées.

Forces de pression et tenseur des contraintes de viscosité

On peut extraire du tenseur des contraintes $[\sigma]$ la partie qui correspond aux contraintes de pression, qui sont les seules présentes en l'absence de gradients de vitesse (fluide au repos ou en mouvement global de translation). Cette composante est une homothétie. On décompose le tenseur sous la forme :

$$[\sigma] = [\sigma'] - p[I] \quad (3.8)$$

ou p est la pression et $[I]$ est l'identité. Le signe négatif devant p traduit le fait que le fluide au repos est généralement en compression : la contrainte est donc de sens opposé au vecteur $\vec{n}$ normal à la surface, qui pointe vers l'extérieur. Le terme $[\sigma']$ est le **tenseur des contraintes de viscosité** : c'est la partie de $[\sigma]$ liée à la déformation des éléments de fluide.

Remarques

— Dans une base quelconque, le tenseur des contraintes de viscosité $[\sigma']$ comporte en général des termes diagonaux non nuls : ce sont des contraintes normales supplémentaires, créées par le mouvement relatif de différentes parties du fluide.

— Le terme de pression utilisé pour désigner le paramètre p de la relation 3.8 doit être compris dans le sens de contribution à la pression mécanique, définie à partir des contraintes mécaniques exercées sur un élément de fluide. On ne peut pas définir la pression dans un fluide en mouvement à partir de considérations thermodynamiques, car le système n'est pas en équilibre thermodynamique à chaque instant.

3.1.2   Caractéristiques du tenseur des contraintes de viscosité

Montrons d'abord que le tenseur $[\sigma']$ est symétrique. Pour cela, analysons l'équi-

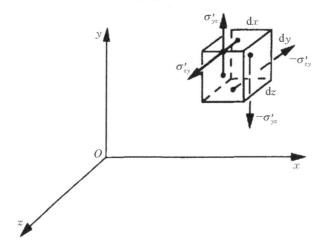

FIGURE 3.4   Couples associes aux forces de viscosité qui s'exercent sur les faces d'un cube à l'intérieur d'un fluide.

libre des couples sur un petit élément de volume cubique de cotes dx, dy et dz parallèles aux axes (figure 3.4). Dans le raisonnement, nous nous limiterons à la rotation autour d'un axe parallèle à la direction Ox, passant par le centre du cube, ainsi qu'aux composantes σ'_{yz} et σ'_{zy} des forces de surface qui sont seules à contribuer au couple résultant Γ_x par rapport à cet axe (figure 3.4). On pourrait raisonner de même pour les autres composantes. Les autres forces exercées sur les faces du cube sont parallèles à l'axe de rotation, ou le rencontrent, et ne contribuent pas à Γ_x. Calculons le couple résultant Γ_x des forces exercées sur les faces du cube par rapport à un axe passant par son centre et parallèle à Ox (figure 3.4) :

$$\Gamma_x = \sigma'_{zy}(\mathrm{d}x\mathrm{d}z)\mathrm{d}y - \sigma'_{yz}(\mathrm{d}x\mathrm{d}y)\mathrm{d}z = (\sigma'_{zy} - \sigma'_{yz})\mathrm{d}x\mathrm{d}y\mathrm{d}z = (\sigma'_{zy} - \sigma'_{yz})\mathrm{d}V \quad (3.9)$$

où $\mathrm{d}V$ est le volume de l'élément. Si $\mathrm{d}^2\Omega_x/\mathrm{d}t^2$ est l'accélération angulaire de l'élément et $\mathrm{d}I$ son moment d'inertie par rapport à l'axe de rotation, on a $\Gamma_x = \mathrm{d}I(\mathrm{d}^2\Omega_x/\mathrm{d}t^2)$. Faisons tendre $\mathrm{d}V$ vers zéro : $\mathrm{d}I$, qui est de l'ordre de $\mathrm{d}V(\mathrm{d}y^2+\mathrm{d}z^2)$, décroît plus vite que $\mathrm{d}V$ (comme $\mathrm{d}V^{5/3}$). On doit donc avoir $\sigma'_{zy} = \sigma'_{yz}$ pour que l'accélération angulaire reste finie.

Remarque   Même s'il existait un mécanisme de création de couple en volume, le couple global sur l'élément de volume serait lui aussi proportionnel à $\mathrm{d}V$, et n'interviendrait pas.

Autre remarque   Dans le calcul du couple, on n'a pas pris en compte les termes correspondant à la variation des forces de surface d'une face à l'autre, comme par exemple $(\partial\sigma'_{zy}/\partial y)\mathrm{d}y$. En effet dans l'équation 3.9, ces termes donnent des contributions d'ordre supérieur, du type $(\partial\sigma'_{zy}/\partial y)\mathrm{d}y\mathrm{d}V$, qui sont négligeables quand on fait tendre les dimensions de l'élément de volume vers 0.

Cette égalité se généralise aux autres composantes sous la forme :

$$\sigma'_{ij} = \sigma'_{ji} \quad (3.10)$$

Le tenseur $[\sigma']$ est donc symétrique. Cette propriété reflète simplement l'équilibre des couples exercés sur les volumes de fluide.

Précisons maintenant la relation entre $[\sigma']$, et la déformation du fluide. Les contraintes de viscosité s'annulent quand un élément du fluide se déplace sans se déformer, et ne dépendent, de ce fait, ni de la vitesse (translation globale), ni de la rotation locale. La rotation est déterminée par la partie antisymétrique du tenseur des gradients de vitesse, que nous avons notée $[\omega]$ au chapitre 1. Le tenseur des contraintes de viscosité $[\sigma']$ est symétrique, donc il dépend uniquement de la partie symétrique $[e]$ du tenseur des gradients de vitesse, défini aussi au chapitre 1.

3.1.3   Tenseur des contraintes de viscosité pour un fluide newtonien

Dans la suite de ce chapitre, nous considérons en général que le fluide est newtonien.

Un fluide est newtonien quand le tenseur des contraintes de viscosité $[\sigma']$ dépend linéairement du tenseur des taux de déformation $[e]$.

De plus, on suppose que le milieu est isotrope, ce qui entraîne :

$$[\sigma'] = 2A[e] + B(\mathrm{tr}[e])[I] \qquad (3.11)$$

où A et B sont des constantes réelles caractéristiques du fluide considéré. Au chapitre 1, nous avons décomposé le tenseur des taux de déformation $[e]$ sous la forme d'une somme du tenseur des taux de dilatation $[t]$ et du tenseur des taux de déviation $[d]$: $[e] = [t] + [d]$ avec $\mathrm{tr}[t] = \mathrm{tr}[e]$. La relation 3.11 admet donc la forme equivalente :

$$[\sigma'] = n\zeta[t] + 2\eta[d] \quad \text{avec} \quad [t] = \frac{1}{n}(\mathrm{tr}[e])[I] \quad \text{et} \quad [d] = [e] - \frac{1}{n}(\mathrm{tr}[e])[I] \quad (3.12)$$

où $[t]$ est le tenseur des taux de dilatation et $[d]$ le tenseur des taux de déviation définis au chapitre 1. L'entier n est la dimension de l'espace considéré : $n = 3$ dans le cas général (écoulement tridimensionnel), $n = 2$ dans le cas d'un écoulement bidimensionnel. Le premier terme $n\zeta[t]$ correspond à une dilatation isotrope, le second terme $2\eta[d]$ correspond à une déformation sans changement de volume.

Le coefficient η est appelé viscosité dynamique. Il s'exprime en Poiseuille (symbole : Pl) ou Pa · s.

Pour l'air à 25°C sous pression atmosphérique, $\eta = 2 \cdot 10^{-5}\mathrm{Pa} \cdot \mathrm{s}$.

Pour l'eau liquide à 25°C sous pression atmosphérique, $\eta = 9 \cdot 10^{-4}\mathrm{Pa} \cdot \mathrm{s}$.

Le coefficient ζ est appelé *deuxième viscosité* ou *viscosité de volume* ; les contraintes correspondantes sont associées aux variations de volume du fluide par compression. Le coefficient ζ intervient uniquement dans les phénomènes d'atténuation du son : la propagation du son dans un fluide s'accompagne en effet nécessairement d'un phénomène de compression ; dans le cas contraire, la vitesse du son serait infinie. En pratique, les mesures donnent des valeurs très faibles pour ζ. Nous admettons que les coefficients de viscosité η et ζ sont tous deux positifs.

Dans le cas d'un écoulement incompressible, $[t]$ est nul, et donc seul le deuxième terme de l'expression 3.12 subsiste dans l'expression du tenseur des contraintes de viscosité. C'est un cas particulier très important, car il correspond à la plupart des écoulements que nous étudions dans ce cours, et qui sont en effet supposés incompressibles. Nous retiendrons donc le résultat suivant.

Pour un fluide newtonien en écoulement incompressible, la contrainte vis-
queuse est proportionnelle au taux de déformation, qui est lui-même égal
au taux de déviation :
$$[\sigma'] = 2\eta[d]. \tag{3.13}$$

Prenons l'exemple d'un écoulement de Couette plan (figure 3.5). Supposons

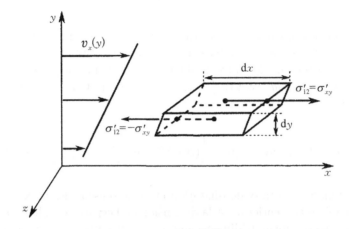

FIGURE 3.5   Contrainte de cisaillement dans un écoulement de cisaillement simple.

que le vecteur vitesse est orienté suivant la direction Ox et que la composante
correspondante v_x ne varie que dans la direction perpendiculaire Oy :

$$\vec{v} = \dot{\gamma} y \vec{e}_x \tag{3.14}$$

avec $\dot{\gamma}$ le taux de cisaillement. On a vu au chapitre 1 que l'écoulement est incompressible, et que le tenseur des taux de déviation est de la forme :

$$[d] = \begin{bmatrix} 0 & \dot{\gamma}/2 \\ \dot{\gamma}/2 & 0 \end{bmatrix} \tag{3.15}$$

Le tenseur $[\sigma']$ s'écrit donc dans ce cas :

$$[\sigma'] = 2\eta[d] = \begin{bmatrix} 0 & \eta\dot{\gamma} \\ \eta\dot{\gamma} & 0 \end{bmatrix}. \tag{3.16}$$

Le terme $\sigma'_{xy} = \eta\dot{\gamma}$ représente les contraintes tangentielles dues au glissement relatif des différentes couches de fluide. Le coefficient η représente l'intensité de la
contrainte nécessaire pour créer un gradient de vitesse tangentielle donné : si η
est petit, une faible contrainte suffit, si η est grand, une forte contrainte doit être
appliquée.

3.1.4   Conditions aux limites

Comme dans le cas des fluides parfaits, dans les fluides réels, **la composante normale du champ de vitesse est continue** : $\vec{v}(M) \cdot \vec{n})_{M \in \text{fluide}} = \vec{v}(M) \cdot \vec{n})_{M \in \text{obstacle}}$ avec $\vec{n}$ un vecteur unitaire normal à la surface de l'obstacle.

De plus, dans le cas d'un fluide visqueux, **la composante tangentielle du champ de vitesse est également continue**.

Dans un fluide réel, la vitesse est continue au niveau du contact du fluide avec un solide, et aussi au niveau du contact du fluide avec un autre fluide immiscible.

$$\begin{aligned} \text{fluide / solide} \quad &: \ \vec{v}(M \in \text{fluide}) = \vec{v}(M \in \text{solide}) \\ \text{fluide 1 / fluide 2} &: \vec{v}(M \in \text{fluide 1}) = \vec{v}(M \in \text{fluide 2}) \end{aligned} \tag{3.17}$$

Au niveau de l'interface entre le fluide et le solide, la vitesse du fluide tend vers celle du solide. Une couche de molécules du fluide reste accrochée à la paroi solide. Il en est de même au niveau du contact entre deux fluides immiscibles.

On considère deux fluides parfaits immiscibles. La continuité de la pression obéit aux mêmes lois que pour les fluides parfaits. Il faut donc distinguer le cas où les effets de capillarité sont négligeables, et le cas où ils doivent être pris en compte (voir paragraphe 2.2.2.2). Nous admettons le résultat suivant.

Dans le cas de fluides réels, la contrainte de viscosité est continue au niveau du contact du fluide avec un solide, et aussi au niveau du contact du fluide avec un autre fluide immiscible.

$$\begin{aligned} \text{fluide / solide} \quad &: \qquad\qquad [\sigma'](M \in \text{fluide}) \cdot \vec{n} = \frac{\mathrm{d}\vec{F}}{\mathrm{d}S} \\ \text{fluide 1 / fluide 2} &: [\sigma'](M \in \text{fluide 1}) \cdot \vec{n} = [\sigma'](M \in \text{fluide 2}) \cdot \vec{n} \end{aligned} \tag{3.18}$$

avec $\mathrm{d}\vec{F}$ la force exercée sur le fluide par le solide au niveau de la surface $\mathrm{d}S$.

3.1.5   Écoulements élémentaires

3.1.5.1   Écoulement de Couette

Écoulement de Couette plan

On considère un film liquide newtonien incompressible en écoulement permanent entre deux plaques planes. La mise en mouvement de la plaque supérieure entraîne le fluide : voir figure 1.6 et aussi figure 3.5. L'écoulement qui en résulte dans le fluide, est appelé **écoulement de Couette plan**. Le champ de vitesse est de la forme (avec les notations choisies dans la figure 1.6) :

$$\vec{v}(x, y) = V \frac{y}{e} \vec{e}_x \tag{3.19}$$

avec e l'épaisseur du film liquide, et $\vec{V} = V\vec{e}_x$ la vitesse de translation de la plaque supérieure par rapport à la plaque inférieure.

Activité 3-1 : Exprimer la force exercée par la plaque supérieure sur le fluide. Cette force est aussi la force qu'un opérateur doit exercer sur la plaque supérieure pour la faire avancer à la vitesse $\vec{V}$.

Écoulement de Couette cylindrique

On considère un film liquide newtonien incompressible en écoulement permanent entre deux cylindres coaxiaux. Si les deux cylindres ne tournent pas à la même vitesse angulaire, alors le fluide est entraîné et se déforme : voir figure 3.6.

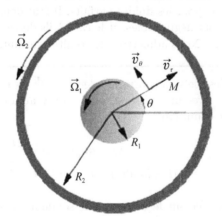

FIGURE 3.6   Les deux cylindres tournent à des vitesses différentes. Le fluide situé entre les deux cylindres, supposé visqueux, est cisaillé.

L'écoulement qui en résulte dans le fluide, est appelé **écoulement de Couette cylindrique**. Le champ de vitesse est de la forme (avec les notations choisies dans la figure) :

$$\vec{v} = \left(Ar + \frac{B}{r} \right) \vec{e}_\theta \tag{3.20}$$

avec A et B deux constantes. Ces deux constantes peuvent être déterminées par les conditions aux limites en vitesse. On trouve :

$$A = \frac{R_2^2 \Omega_2 - R_1^2 \Omega_1}{R_2^2 - R_1^2} \quad ; \quad B = \frac{R_1^2 R_2^2}{R_2^2 - R_1^2}(\Omega_1 - \Omega_2) \tag{3.21}$$

Nous considérons une hauteur L du système dans la direction z. Le cylindre extérieur (cylindre 2 sur la figure 3.6) exerce sur le fluide un moment $\mathcal{M}_{Oz}$ par rapport à l'axe Oz.

Activité 3-2 : Exprimer $\mathcal{M}_{Oz}$.

3.1.5.2 Écoulement de Poiseuille

On considère un film liquide newtonien incompressible en écoulement permanent dans une canalisation cylindrique de révolution : voir figure 3.21. L'écoulement dans le fluide, est appelé **écoulement de Poiseuille**. Le champ de vitesse est de la forme (avec les notations choisies dans la figure) :

$$\vec{v} = v_0 \left(1 - \frac{r^2}{R^2}\right) \vec{e}_z \tag{3.22}$$

avec v_0 et R deux constantes.

Considérons une tranche de fluide d'épaisseur L dans la direction z. On note $\vec{F} = F \vec{e}_z$ la résultante des forces de viscosité sur ce volume de fluide.

Activité 3-3 : Exprimer F de deux manières en intégrant les forces de surface $[\sigma'] \cdot \vec{n}$ sur la surface qui limite ce volume.

L'équation de Navier-Stokes n'a pas de solution analytique dans le cas général. En effet, le terme d'accélération convective $(\vec{v} \cdot \overrightarrow{\text{grad}})\vec{v}$ est quadratique par rapport au champ $\vec{v}$. Cette non-linéarité entraîne des complications dans le traitement mathématique de beaucoup de problèmes. Souvent, nous simplifierons cette équation en ne retenant que les termes dominants.

3.2 ÉQUATION LOCALE DU MOUVEMENT

3.2.1   Équation de la dynamique d'un fluide dans le cas général

Nous appliquons la relation fondamentale de la dynamique à un volume de fluide V en écrivant l'égalité entre la variation temporelle de sa quantité de mouvement et l'ensemble des forces (de volume et de surface) exercées sur V. Le volume V est constitué d'*éléments matériels* dont il suit les déplacements.

$$\frac{\mathrm{d}}{\mathrm{d}t} \iiint_V \rho \vec{v} \mathrm{d}\tau = \iiint_V \vec{f}_v \mathrm{d}\tau + \iint_S [\sigma] \cdot \vec{n} \mathrm{d}\Sigma. \qquad (3.23)$$

Dans cette relation, $\mathrm{d}\tau$ représente le volume d'un élément matériel de fluide et $\mathrm{d}\Sigma$ est un élément de la surface fermée S limitant le volume V. Le tenseur $[\sigma]$ prend en compte l'ensemble des forces de surface (pression et viscosité) s'exerçant sur l'élément $\mathrm{d}\Sigma$. La force en volume par unité de volume $\vec{f}_v$ est, par exemple, la pesanteur ou la force électrostatique sur un fluide chargé.

La dérivée particulaire $(\mathrm{d}/\mathrm{d}t)$ est calculée dans un référentiel qui suit le mouvement du fluide. Dans ce référentiel, le produit $\rho\mathrm{d}\tau$, qui représente la masse d'un élément matériel de fluide, est une constante : en effet, tout élément de fluide contient, par définition, toujours les mêmes molécules qui suivent le champ de vitesse local de l'écoulement. Ce résultat essentiel nous permet d'appliquer la dérivation temporelle uniquement au facteur $\vec{v}$ dans le premier terme de l'équation 3.23 et d'écrire :

$$\frac{\mathrm{d}}{\mathrm{d}t} \iiint_V \rho \vec{v} \mathrm{d}\tau = \iiint_V \rho \frac{\mathrm{d}\vec{v}}{\mathrm{d}t} \mathrm{d}\tau. \qquad (3.24)$$

En toute rigueur, un calcul complet du bilan des variations de quantité de mouvement dans le volume V serait nécessaire, mais le raisonnement simplifié ci-dessus contient l'essentiel de la physique du problème.

Par ailleurs, la composante totale de la force de surface dans la direction i peut s'écrire :

$$\left[\iint_S [\sigma] \cdot \vec{n} \mathrm{d}\Sigma \right]_i = \iint_S \sum_{j=1}^{3} \sigma_{ij} n_j \mathrm{d}\Sigma. \qquad (3.25)$$

Elle représente donc le flux du vecteur de composantes $(\sigma_{ix}, \sigma_{iy}, \sigma_{iz})$ à travers la surface S. La relation précédente peut se transformer en intégrale de volume à l'aide du théorème d'Ostrogradsky :

$$\iint_S \sum_{j=1}^{3} \sigma_{ij} n_j \mathrm{d}\Sigma = \iiint_V \sum_{j=1}^{3} \frac{\partial \sigma_{ij}}{\partial x_j} \mathrm{d}\tau. \qquad (3.26)$$

L'équation 3.23 peut donc être mise sous la forme :

$$\iiint\limits_{V} \rho \frac{\mathrm{d}\vec{v}}{\mathrm{d}t}\mathrm{d}\tau = \iiint\limits_{V} \vec{f_v}\mathrm{d}\tau + \iiint\limits_{V} \mathrm{div}[\sigma]\mathrm{d}\tau. \tag{3.27}$$

où $\mathrm{div}[\sigma]$ représente le vecteur de composantes $\sum\limits_{j=1}^{3} \dfrac{\partial \sigma_{ij}}{\partial x_j}$. Cette notation a un sens car on peut montrer (nous l'admettons) que ce vecteur est une grandeur intrinsèquement associé au tenseur $[\sigma]$. Rappelons que, dans l'équation précédente, les intégrales portent sur un volume V qui suit le mouvement du fluide en se déformant. En faisant tendre ce volume vers zéro et en divisant par l'élément de volume, on obtient l'équation locale de mouvement d'une particule de fluide :

$$\rho \frac{\mathrm{d}\vec{v}}{\mathrm{d}t} = \vec{f_v} + \mathrm{div}[\sigma]. \tag{3.28}$$

Dans $[\sigma]$, séparons maintenant la partie correspondant aux forces de pression de celle qui se rapporte aux forces de viscosité, comme dans la relation 3.8. On obtient :

$$(\mathrm{div}[\sigma])_i = (\mathrm{div}[\sigma'])_i - \sum\limits_{j=1}^{3} \frac{\partial(p\delta_{ij})}{\partial x_j} = (\mathrm{div}[\sigma'])_i - \frac{\partial p}{\partial x_i} \tag{3.29}$$

L'équation locale de la dynamique devient alors :

$$\rho \frac{\mathrm{d}\vec{v}}{\mathrm{d}t} = \vec{f_v} - \overrightarrow{\mathrm{grad}}P + \mathrm{div}[\sigma']. \tag{3.30}$$

cette équation est valable pour tous les fluides, car aucune hypothèse concernant la forme du tenseur des contraintes de viscosité $[\sigma']$ n'a encore été introduite. On écrit le plus souvent cette équation en décomposant $\mathrm{d}\vec{v}/\mathrm{d}t$ en $\partial\vec{v}/\partial t + (\vec{v}\cdot\overrightarrow{\mathrm{grad}})\vec{v}$ comme nous l'avons montré au chapitre 1. Soit finalement :

$$\rho \frac{\partial\vec{v}}{\partial t} + \rho(\vec{v}\cdot\overrightarrow{\mathrm{grad}})\vec{v} = \vec{f_v} - \overrightarrow{\mathrm{grad}}P + \mathrm{div}[\sigma']. \tag{3.31}$$

— le premier terme du membre de gauche représente l'accélération d'une particule de fluide due à la variation explicite de sa vitesse avec le temps dans un repère eulérien fixe (accélération dans un champ homogène instationnaire $\vec{v}(M,t)$;

— le second terme correspond à la variation de vitesse associée à l'exploration du champ de vitesse par la particule de fluide au cours de son mouvement. Cette accélération sera présente même dans un champ de vitesse stationnaire $\vec{v}(M)$;

— le terme $\vec{f}_v$ du membre de droite regroupe l'ensemble des forces en volume appliquées au fluide ;

— le second terme $-\overrightarrow{\text{grad}}P$ représente les forces de pression correspondant aux contraintes normales, qui existent même en l'absence de mouvement (pression hydrostatique). Dans le cas d'un fluide immobile ($\vec{v} = 0$), l'équation fondamentale se réduit à :

$$\vec{f}_v - \overrightarrow{\text{grad}}P = \vec{0} \tag{3.32}$$

qui exprime le principe fondamental de l'hydrostatique ;

— enfin, le dernier terme $\text{div}[\sigma']$ représente les forces de viscosité dues à la déformation des éléments de fluide. Il contient à la fois les contraintes tangentielles, et les contraintes normales qui peuvent éventuellement intervenir au cours du mouvement d'un fluide (par exemple un fluide compressible).

3.2.2 Équivalent volumique des forces de viscosité

Nous supposons que le fluide est **homogène, newtonien**, et que l'écoulement est **incompressible**.

Reportons l'expression 3.13 du tenseur $[\sigma']$ dans le terme $\text{div}[\sigma']$ de l'équation fondamentale de la dynamique ; on obtient, pour la composante des forces de viscosité suivant la direction i :

$$(\text{div}[\sigma'])_i = \sum_{j=1}^{3} \frac{\partial(\sigma'_{ij})}{\partial x_j} = \eta \sum_{j=1}^{3} \frac{\partial^2 v_i}{\partial x_j^2} = \eta(\vec{\Delta}\vec{v})_i \tag{3.33}$$

Le fluide est homogène, donc le coefficient η est uniforme. L'écoulement est incompressible, donc le coefficient de viscosité volumique n'intervient pas. L'opérateur $\vec{\Delta}$ agit sur le champ de vitesse $\vec{v}$. En coordonnées cartésiennes, $\vec{\Delta}\vec{v}$ a pour expression $\vec{\Delta}\vec{v} = \Delta v_x \vec{e}_x + \Delta v_y \vec{e}_y + \Delta v_z \vec{e}_z$ avec, par exemple, $\Delta v_x = \dfrac{\partial^2 v_x}{\partial x^2} + \dfrac{\partial^2 v_x}{\partial y^2} + \dfrac{\partial^2 v_x}{\partial z^2}$. Son expression intrinsèque est :

$$\vec{\Delta} = -\overrightarrow{\text{rot}}(\overrightarrow{\text{rot}}) + \overrightarrow{\text{grad}}\,\text{div} \tag{3.34}$$

Pour calculer $\vec{\Delta}\vec{v}$ dans des systèmes de coordonnées autres que les coordonnées cartésiennes, on doit revenir à cette expression intrinsèque.

On voit donc que les forces de viscosité ont un équivalent volumique. On peut définir une **densité volumique des forces de viscosité** $\vec{f}_{\text{viscosité}}$:

$$\vec{f}_{\text{viscosité}} = \eta\vec{\Delta}\vec{v} \tag{3.35}$$

Pour un écoulement incompressible d'un fluide newtonien homogène, la résultante des forces de viscosité sur une particule fluide élémentaire de volume $d\tau$, s'écrit $\vec{f}_{\text{viscosité}}d\tau = \eta\vec{\Delta}\vec{v}d\tau$.

On considère l'écoulement de Poiseuille : voir figure 3.21. Le champ de vitesse est de la forme :

$$\vec{v} = v_0\left(1 - \frac{r^2}{R^2}\right)\vec{e}_z \tag{3.36}$$

avec v_0 et R deux constantes.

Considérons une tranche de fluide d'épaisseur L dans la direction z. On note $\vec{F} = F\vec{e}_z$ la résultante des forces de viscosité sur ce volume de fluide.

Activité 3-4 : Exprimer F en intégrant $\eta\vec{\Delta}\vec{v}$ sur le volume de fluide considéré. Vérifier que l'on trouve le même résultat que dans l'activité 3.1.5.2.

3.2.3 Équation de Navier-Stokes pour un fluide newtonien en écoulement incompressible

On obtient alors *l'équation de Navier-Stokes* :

$$\rho\frac{\partial\vec{v}}{\partial t} + \rho(\vec{v}\cdot\overrightarrow{\text{grad}})\vec{v} = \vec{f}_v - \overrightarrow{\text{grad}}P + \eta\vec{\Delta}\vec{v}. \tag{3.37}$$

Le terme $\vec{f}_v$ est la densité volumique des forces de volume. Le terme $-\overrightarrow{\text{grad}}P$ est la densité volumique des forces de pression.

Le terme $\eta\vec{\Delta}\vec{v}$ est la densité volumique des forces de viscosité.

Exemple : écoulement sur un plan incliné

Considérons l'écoulement d'un fluide visqueux sur un plan incliné (figure 3.7). Il peut s'agir, par exemple, d'huile coulant sur une planche inclinée. Le modèle que nous proposons, peut également s'appliquer aux avalanches de neige, ou aux coulées de lave.

Le liquide est supposé incompressible. Il est de masse volumique ρ, de viscosité dynamique η. Il s'écoule avec une épaisseur constante h, dans un canal de largeur constante L. On suppose que le régime permanent est établi. Le canal plan est incliné d'un angle α avec l'horizontale. Le champ de vitesse est de la forme : $\vec{v} = v(x,y)\vec{e}_x$.

Activité 3-5 : Montrer que de la vitesse maximale d'écoulement est de la forme :

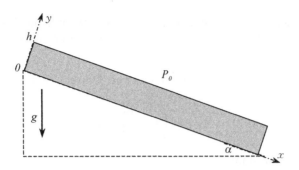

FIGURE 3.7   Écoulement d'un fluide visqueux sur un plan incliné.

$v_{\max} = K\dfrac{\rho}{\eta}$, où K est une constante qui dépend de l'inclinaison α du plan et de la profondeur h.

Application numérique : on considère une hauteur d'eau de 1 m, en écoulement sur une longueur de 500 km, avec une dénivellation de 50 m. La viscosité dynamique de l'eau liquide, dans les conditions de cet écoulement, est de 10^{-3} Pl.

Corrigé de l'activité ci-dessus .

Le liquide est incompressible, donc la divergence du champ de vitesse est nulle, et donc la vitesse ne dépend pas de x, mais seulement de y :

$$\vec{v} = v(y)\vec{e}_x.$$

On en déduit que l'accélération convective est nulle, et donc aussi l'accélération particulaire, puisque le régime permanent est établi. L'équation de Navier-Stokes s'écrit alors :

$$-\overrightarrow{\mathrm{grad}}\,P + \eta\vec{\Delta}\vec{v} + \rho\vec{g} = 0.$$

Projection sur Oy de cette équation :

$$-\frac{\partial P}{\partial y} - \rho g \cos\alpha = 0.$$

Attention : la pression est a priori une fonction des **deux** variables x et y. Intégrons l'équation différentielle ci-dessus, il vient que $P(x,y) = -\rho g y \cos\alpha + f(x)$. Les conditions aux limites en $y = h$ s'écrivent : $P(x, y = h) = P_0$ **pour toute valeur de** x. Cela signifie que la fonction f est en fait constante, et que l'on a, pour tout x, $f(x) = P_0 + \rho g h \cos\alpha$. On en déduit l'expression de la pression en tout point du fluide :

$$P(x,y) = P_0 + \rho g(h - y)\cos\alpha.$$

Projection sur Ox de l'équation :

$$-\frac{\partial P}{\partial x} + \rho g \sin\alpha + \eta\frac{\mathrm{d}^2 v}{\mathrm{d}y^2} = 0$$

c'est-à-dire, étant donné que la pression ne dépend pas de x :

$$\frac{\mathrm{d}^2 v}{\mathrm{d}y^2} = -\frac{\rho}{\eta} g \sin\alpha.$$

L'intégration conduit à $v(y) = -\dfrac{\rho}{2\eta}gy^2 \sin\alpha + Ay + B$ avec A et B deux constantes. La continuité de la vitesse au niveau du contact fluide/plan s'écrit $v(y = 0) = 0$, et donc $B = 0$.

Nous avons besoin d'une autre condition aux limites, afin de déterminer A. Pour cela, nous considérons que les forces de viscosité à l'interface air/liquide sont négligeables : la composante tangentielle de la contrainte est nulle en tout point de la surface, c'est-à-dire pour la valeur $y = h$. Comme le liquide est supposé newtonien, cela signifie que

$$\frac{\mathrm{d}v}{\mathrm{d}y}(y = h) = 0$$

dans le fluide. Cette condition donne la valeur :

$$A = \frac{\rho}{\eta}gh\sin\alpha.$$

On a donc déterminé la forme de v :

$$v(y) = -\frac{\rho}{2\eta}gy^2 \sin\alpha + \frac{\rho}{\eta}ghy\sin\alpha.$$

La valeur maximale de la vitesse est donnée par $\dfrac{\mathrm{d}v}{\mathrm{d}y}(y) = 0$, ce qui conduit à

$$-\frac{\rho}{\eta}gy\sin\alpha + \frac{\rho}{\eta}gh\sin\alpha$$

soit $y = h$. La valeur maximale de la vitesse est alors

$$v_{\mathrm{max}} = \frac{\rho}{2\eta}gh^2 \sin\alpha.$$

Application numérique : $h = 1\mathrm{m}$. L'angle α est donné par la relation :

$$\alpha = \frac{50}{500 \cdot 10^3} = 10^{-4}\mathrm{rad}.$$

La valeur maximale de la vitesse $v_{\max} = \dfrac{\rho\alpha}{2\eta}gh^2$ est, avec ces valeurs, de l'ordre de 10^2 m·s^{-1}, ce qui est considérable.

3.3   NOMBRE DE REYNOLDS

3.3.1   Convection et diffusion de la quantité de mouvement

Nous négligeons dans ce paragraphe l'action des forces de volume, en particulier du poids. Considérons l'équation de Navier-Stokes en développant le terme d'accélération particulaire :

$$\rho\frac{\mathrm{d}\vec{v}}{\mathrm{d}t} = \rho\frac{\partial\vec{v}}{\partial t} + \rho\left(\vec{v}\cdot\overrightarrow{\mathrm{grad}}\right)\vec{v} = -\overrightarrow{\mathrm{grad}}P + \eta\vec{\Delta}\vec{v}.$$

Le terme $(\vec{v}\cdot\overrightarrow{\mathrm{grad}})\vec{v}$ est appelé terme **convectif**, car il correspond à un transport de quantité de mouvement par déplacement macroscopique du fluide.

Le terme $\eta\vec{\Delta}\vec{v}$ est appelé terme **diffusif**, car il correspond à un transport de quantité de mouvement dans la direction orthogonale au déplacement du fluide.

Considérons les deux cas extrêmes où un terme est dominant devant l'autre.

Premier cas : la diffusion domine.   Le terme convectif est négligeable. L'équation de Navier-Stokes s'écrit alors

$$\frac{\partial\vec{v}}{\partial t} = -\frac{1}{\rho}\overrightarrow{\mathrm{grad}}P + \nu\vec{\Delta}\vec{v}.$$

Le coefficient ν est appelé **viscosité cinématique**. ν est en m^2·s^{-1}. On donne des ordres de grandeur pour l'eau et l'air à température et pression ordinaires :

$$\text{eau}: \rho = 10^3 \text{ kg·m}^{-3}\,;\ \eta = 10^{-3} \text{ Pl}\,;\ \nu = 10^{-6} \text{ m}^2\text{·s}^{-1}\,;$$
$$\text{air}: \rho = 1 \text{ kg·m}^{-3}\,;\ \eta = 10^{-5} \text{ Pl}\,;\ \nu = 10^{-5} \text{ m}^2\text{·s}^{-1}\,.$$

Remarque   Du point de vue de la viscosité cinématique, l'air est plus visqueux que l'eau liquide.

Deuxième cas : la convection domine. Le terme diffusif est négligeable. L'équation de Navier-Stokes s'écrit alors :

$$\frac{\partial \vec{v}}{\partial t} + \left(\vec{v} \cdot \overrightarrow{\text{grad}} \right) \vec{v} = -\frac{1}{\rho} \overrightarrow{\text{grad}} P$$

c'est-à-dire

$$\frac{\mathrm{d} \vec{v}}{\mathrm{d} t} = -\frac{1}{\rho} \overrightarrow{\text{grad}} P.$$

On retrouve l'équation d'Euler.

3.3.2 Définition d'une certaine grandeur adimensionnelle

> Pour évaluer l'importance relative des termes de diffusion $\eta \vec{\Delta} \vec{v}$ et de convection $\rho(\vec{v} \cdot \overrightarrow{\text{grad}})\vec{v}$, on évalue le rapport sans dimension $\dfrac{||\rho(\vec{v} \cdot \overrightarrow{\text{grad}})\vec{v}||}{||\eta \vec{\Delta} \vec{v}||}$. Ce nombre, appelé **nombre de Reynolds**, est noté Re.

Soit V une vitesse caractéristique de l'écoulement. C'est, par exemple, la vitesse loin d'un obstacle. Soit L une longueur caractéristique du cisaillement au sein de l'écoulement. La longueur L est, par exemple, le diamètre d'un tuyau dans lequel coule un fluide. Ou bien L est le rayon d'un cylindre immobile dans le fluide en écoulement. Le nombre de Reynolds aura alors l'ordre de grandeur de $\dfrac{\rho \dfrac{V^2}{L}}{\eta \dfrac{V}{L^2}}$, c'est-à-dire :

$$\boxed{\mathrm{Re} \simeq \frac{VL}{\nu} = \frac{\rho V L}{\eta}}. \tag{3.38}$$

Le signe $\simeq$ signifie que le résultat est vrai **en ordre de grandeur**.

Retenons : Le nombre de Reynolds permet de connaître le mode dominant de transport de quantité de mouvement dans un fluide réel. Dans un écoulement à grand nombre de Reynolds ($\mathrm{Re} \gg \mathrm{Re}_c$) le transport a lieu essentiellement par convection. Dans un écoulement à faible nombre de Reynolds ($\mathrm{Re} \ll \mathrm{Re}_c$) le transport a lieu essentiellement par diffusion.

La valeur du nombre de Reynolds critique Re_c dépend de l'obstacle considéré. Pour une sphère, Re_c est de l'ordre de 10^3. Pour un cylindre, Re_c est de l'ordre de 10^2.

Donnons une autre interprétation du nombre de Reynolds. Soit τ_{dif} la durée caractéristique pour que la diffusion de quantité de mouvement ait un effet sur une longueur L donnée :

$$\tau_{\text{dif}} = \frac{L^2}{\nu}. \tag{3.39}$$

Soit τ_{conv} la durée caractéristique pendant laquelle la convection déplace la matière sur une longueur L donnée :

$$\tau_{\text{conv}} = \frac{L}{V} \tag{3.40}$$

avec V la vitesse caractéristique de la convection. Le nombre de Reynolds est du même ordre de grandeur que le rapport $\dfrac{\tau_{\text{dif}}}{\tau_{\text{conv}}}$:

$$\text{Re} = \frac{\tau_{\text{dif}}}{\tau_{\text{conv}}}.$$

Remarque   Pour l'eau et pour l'air, la viscosité cinématique est assez faible. Par suite, la plupart des écoulements observés dans la vie courante ont un grand nombre de Reynolds : la convection est prépondérante devant la diffusion. Beaucoup de raisonnements « intuitifs » que nous avons sur les écoulements sont influencés par cette expérience quotidienne. Attention : ces raisonnements ne sont pas toujours valables lorsque le nombre de Reynolds est petit.

3.3.3   Nombres caractéristiques de l'écoulement

On cherche à reproduire, en laboratoire, à l'aide de modèle réduit en tunnel aérodynamique par exemple, les conditions d'écoulement d'un fluide autour d'un obstacle. Il faut adapter la vitesse du fluide et/ou sa viscosité pour que l'écoulement autour de la maquette donne des renseignements corrects sur l'écoulement autour du système réel. Nous admettons que, pour obtenir cette adaptation, il faut et il suffit que les nombres de Reynolds de la maquette et du système réel, soient égaux.

D'une manière plus générale, les nombres adimensionnels caractéristiques de la maquette et du système réel, doivent être égaux. Par exemple, pour les fluides compressibles, les nombres de Mach doivent aussi êtres égaux pour les deux écoulements. Le **nombre de Mach** d'un écoulement à vitesse caractéristique V, est le rapport $M = \dfrac{V}{c}$, avec c la célérité du son dans le fluide en écoulement quand il est au repos. Autre exemple : pour des fluides où des transferts thermiques ont lieu à la fois par convection et par diffusion, les deux types de transferts thermiques sont comparés par un nombre adimensionnel appelé **nombre de Péclet**.

> Si les nombres adimensionnels caractéristiques de deux écoulements (nombres de Reynolds, Mach, Péclet, ...) sont égaux, on dit que les écoulements sont similaires.

Les conditions de similitude de deux écoulements, et la réalisation d'écoulements similaires seront étudiées en détail dans les années ultérieures du cursus.

3.4 PHÉNOMÉNOLOGIE DES ÉCOULEMENTS DE FLUIDES RÉELS

À partir d'un problème concret (force exercée par un fluide sur un obstacle), on présente une classification des écoulements réels.

3.4.1 Obstacle dans un écoulement

3.4.1.1 *Position du problème*

Un corps solide macroscopique est plongé dans l'écoulement. Ce corps est appelé *obstacle*. Dans la suite, nous nous plaçons en général dans le référentiel de l'obstacle. L'écoulement est supposé uniforme loin de l'obstacle : le fluide a la vitesse uniforme $\vec{v}_0 = v_0 \vec{e}_x$ avec v_0 une constante positive, et $\vec{e}_x$ un vecteur unitaire. Le champ de vitesse est perturbé au voisinage de l'obstacle.

Soit L la taille caractéristique de l'obstacle. Le nombre de Reynolds de l'écoulement est

$$Re = \frac{v_0 L}{\nu} = \frac{\rho v_0 L}{\eta} \qquad (3.41)$$

avec ρ la masse volumique du fluide, ν sa viscosité cinématique et η sa viscosité dynamique.

3.4.1.2 *Résultante des forces de surface*

Soit $\mathrm{d}\vec{S}$ le vecteur surface associé à une surface élémentaire sur la surface de contact fluide-solide. Les forces de pression et de viscosité exercées par le fluide sur le solide au niveau de cette surface sont respectivement :

$$-P\mathrm{d}\vec{S} \quad \text{et} \quad [\sigma'] \cdot \mathrm{d}\vec{S}. \qquad (3.42)$$

On appelle Σ la surface mathématique qui constitue la frontière entre le fluide et l'obstacle. On note $\vec{F}$ la résultante des forces de surface exercées par le fluide sur l'obstacle. On note $\vec{F}_{\text{press}}$ et $\vec{F}_{\text{visc}}$ les résultantes des forces de pression et de viscosité sur l'obstacle :

$$\vec{F}_{\text{press}} = -\iint_{\Sigma} P \, \mathrm{d}\vec{S} \quad \text{et} \quad \vec{F}_{\text{visc}} = \iint_{\Sigma} [\sigma'] \cdot \mathrm{d}\vec{S}. \tag{3.43}$$

On a donc :

$$\vec{F} = \vec{F}_{\text{press}} + \vec{F}_{\text{visc}}. \tag{3.44}$$

3.4.1.3   Composantes hydrostatique et hydrodynamique

La résultante des forces de surface $\vec{F}$ est décomposée en deux parties : la force quand le fluide est immobile $\vec{\Pi}$, qui est en fait la poussée d'Archimède, et la force complémentaire, appelée aussi **résultante hydrodynamique** $\vec{F}_{\text{dyn}}$:

$$\vec{F} = \vec{\Pi} + \vec{F}_{\text{dyn}}. \tag{3.45}$$

La poussée d'Archimède est due uniquement aux forces de pression, puisque les forces de viscosité sont nulles quand le fluide est immobile. La résultante hydrodynamique comporte en général une partie due à la pression, et une autre due à la viscosité :

$$\vec{F}_{\text{dyn}} = \vec{F}_{\text{dyn,press}} + \vec{F}_{\text{visc}}. \tag{3.46}$$

La notation $\vec{F}_{\text{visc}}$ est suffisante, puisque la force de viscosité est nulle quand il n'y a pas d'écoulement. La résultante hydrodynamique peut aussi être décomposée en une composante parallèle à la direction du mouvement du fluide, et une composante normale à cette direction. La première composante est appelée **force de traînée** $\vec{F}_t$. La deuxième est appelée **force de portance** $\vec{F}_p$:

$$\vec{F}_{\text{dyn}} = \vec{F}_t + \vec{F}_p. \tag{3.47}$$

En résumé, les relations entre les composantes de force que nous avons définies sont :

$$\vec{F} = \vec{F}_{\text{press}} + \vec{F}_{\text{visc}} = \vec{\Pi} + \vec{F}_{\text{dyn}}$$
$$\vec{F}_{\text{dyn}} = \vec{F}_{\text{dyn,press}} + \vec{F}_{\text{visc}} = \vec{F}_t + \vec{F}_p \tag{3.48}$$
$$\vec{F}_{\text{press}} = \vec{\Pi} + \vec{F}_{\text{dyn,press}}$$

La dernière équation est une décomposition de la résultante des forces de pression en une composante hydrostatique (c'est donc la poussé d'Archimède) et une composante due à la viscosité.

3.4.1.4   Coefficients de traînée et de portance

La composante de la résultante hydrodynamique des forces de surface selon $\vec{v}_0$ est la force de traînée $\vec{F}_t$:

$$\vec{F}_t = \frac{F_{\text{visc}} \cdot \vec{v}_0}{v_0} \vec{e}_x = F_t \vec{e}_x. \tag{3.49}$$

On définit la grandeur adimensionnelle C_x, appelée **coefficient de traînée**, par la formule :

$$F_t = \frac{1}{2} \rho S_t C_x v_0^2 \tag{3.50}$$

avec ρ la masse volumique du fluide. Cette définition est justifiée par le fait que la force $\vec{F}_t$, de même que la composante hydrodynamique de la résultante des forces de surface, est nulle quand le fluide est immobile, c'est-à-dire quand $\vec{v}_0 = \vec{0}$. La surface de référence S_t dépend de la forme de l'obstacle et de la direction de l'écoulement. Cette surface est appelée **maître-couple**. En général, le maître-couple S_t est défini comme la surface sous laquelle l'obstacle est vu depuis l'amont de l'écoulement.

La force de portance $\vec{F}_p$ est la composante de $\vec{F}_{\text{dyn}}$ complémentaire à la force de traînée :

$$\vec{F} = \vec{F}_t + \vec{F}_p. \tag{3.51}$$

On définit la grandeur adimensionnelle C_z, appelée **coefficient de portance**, par la formule :

$$F_p = \frac{1}{2} \rho S_p C_z v_0^2. \tag{3.52}$$

La surface de référence S_p dépend de la forme de l'obstacle et de la direction de l'écoulement. En général, elle est définie comme la surface de l'obstacle quand celui-ci est vu depuis la direction de $\vec{F}_p$.

Prenons l'exemple de l'obstacle de forme sphérique. La sphère, de rayon R, de centre O, est entourée par un fluide en écoulement. Loin de la sphère, l'écoulement est uniforme à vitesse $\vec{v}_0$. Nous supposons que le fluide est newtonien incompressible. La résolution de l'équation de Navier-Stokes, dans ce cas, conduit au champ de vitesse :

$$\vec{v}(r, \theta, \varphi) = v_0 \cos\theta \left(1 - \frac{3R}{2r} + \frac{R^3}{2r^3}\right) \vec{e}_r - v_0 \sin\theta \left(1 - \frac{3R}{4r} - \frac{R^3}{4r^3}\right) \vec{e}_\theta. \tag{3.53}$$

Ce champ est exprimé dans un système de coordonnées sphériques centrées sur O, telles que :

$$\vec{v}_0 = v_0 \vec{e}_z \tag{3.54}$$

avec v_0 une constante positive. À partir de ce champ de vitesse, on peut déterminer les contraintes de pression et de viscosité exercées par le fluide à la surface de la sphère. On peut exprimer alors les deux composantes de la résultante des forces de surface hydrodynamique :

$$\vec{F}_{\text{dyn,press}} = 2\pi\eta R\vec{v}_0 \; ; \quad \vec{F}_{\text{dyn,visc}} = 4\pi\eta R\vec{v}_0. \tag{3.55}$$

La résultante des forces de surface hydrodynamique est donc :

$$\vec{F}_{\text{dyn}} = \vec{F}_t = 6\pi\eta R\vec{v}_0. \tag{3.56}$$

Dans ce cas, il n'y a pas de force de portance : la résultante hydrodynamique des forces de surface se confond avec la force de traînée. Elle est appelée force de traînée de Stokes, ou simplement **traînée de Stokes**.

Les tableaux 3.1 et 3.2 donnent des ordres de grandeur de C_x et C_z pour différents obstacles.

TABLEAU 3.1   **Valeurs typiques du coefficient C_x pour certains objets et régimes d'écoulement.**

Coefficient C_x	Objet
0,001	Plaque lisse parallèle à l'écoulement, régime laminaire (Re $< 10^6$)
0,005	Plaque lisse parallèle à l'écoulement, régime turbulent (Re $> 10^6$)
0,02	avion de ligne
0,47	Sphère lisse, régime turbulent avant la chute de la traînée (Re $= 10^5$)
0,1	Sphère lisse, régime turbulent après la chute de la traînée (Re $= 10^6$)
0,2	Voiture de tourisme actuelle
0,295	Balle de pistolet (écoulement subsonique)
0,48	Sphère rugueuse, régime turbulent (Re $= 10^6$)
0,75	Maquette de fusée de type ordinaire
1,0	Vélo et cycliste en position ordinaire (promenade)
1,0-1,1	Skier
1,0-1,3	Fils et câbles
1,2	Athlète courant le 100 m
1,28	Plaque perpendiculaire à l'écoulement (3D)
1,3-1,5	Empire State Building
1,4	Voiture de Formule 1
1,8-2,0	Tour Eiffel
1,98-2,05	Plaque perpendiculaire à l'écoulement (2D)

3.4.2   Écoulement autour d'une sphère

TABLEAU 3.2   **Valeurs typiques du coefficient C_z pour certains objets et régimes d'écoulement.**

Coefficient C_z	Objet
0,3 à 0,7	aile d'avion en vol de croisière

3.4.2.1 Coefficient de traînée en fonction de Re

Une sphère de rayon r est placée dans un fluide en écoulement. L'écoulement en amont est supposé uniforme, à la vitesse $\vec{v}_0 = v_0 \vec{e}_x$, le vecteur $\vec{e}_x$ étant unitaire. Le nombre de Reynolds de l'écoulement est

$$\mathrm{Re} = \frac{\rho r v_0}{\eta}. \tag{3.57}$$

Le maître-couple est ici $S_t = \pi r^2$. La relation entre le coefficient de traînée C_x et le nombre de Reynolds associé à l'écoulement est déterminée de manière expérimentale : voir figure 3.8. Nous verrons bientôt plus précisément ce que signifient « régime laminaire » et « régime turbulent ».

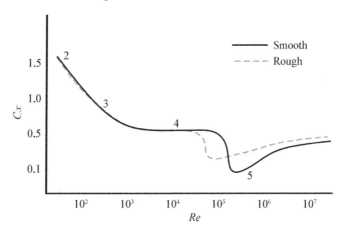

FIGURE 3.8   Coefficient de traînée C_x d'une sphère en fonction du nombre de Reynolds. Il s'agit de données expérimentales. La ligne continue correspond à une sphère dont la surface est lisse, la ligne pointillée à une sphère dont la surface est rugueuse. Les nombres le long de la ligne indiquent plusieurs régimes d'écoulement :

- partie 2 : régime laminaire : le modèle de Stokes est vérifié
- partie 3 : tourbillons stables en aval de la sphère
- partie 4 : régime turbulent avec couche limite laminaire
- partie 5 : régime turbulent, y compris dans la couche limite.

Sur la figure 3.8, nous observons que la partie 2 est un profil rectiligne de pente

−1. On a donc dans ce régime une relation de forme $\log C_x = -\log \mathrm{Re} + \mathrm{Cste}$, soit $C_x \mathrm{Re} = \mathrm{Cste}$. Comme on a que $C_x \mathrm{Re} = \dfrac{2F_t}{\pi r \eta v_0}$, il vient que $F_t \propto \eta r v_0$: la force de traînée est proportionnelle à la vitesse caractéristique v_0. Nous en déduisons que la partie 2 correspond au modèle de Stokes.

Nous observons que la partie 4 est un palier. On a donc dans ce régime une relation de la forme $C_x = \mathrm{Cste}$, et donc $F_t = \mathrm{Cste} \cdot S v_0^2$: la force de traînée est quadratique par rapport à la vitesse caractéristique v_0.

La force de traînée subie par un objet en mouvement rectiligne uniforme, à la vitesse v_0 est :

- linéaire en v_0 si $\mathrm{Re} < 10^3$; on a alors $F_t = \mathrm{Cste} \cdot \eta L v_0$ avec L une dimension caractéristique de l'objet ; le modèle de Stokes est alors vérifié ;

- quadratique en v_0 si $10^3 < \mathrm{Re} < 10^5$; on a alors $F_t = \mathrm{Cste} \cdot S v_0^2$ avec S la surface apparente de l'objet dans la direction de son mouvement.

Prenons un exemple. On étudie la chute d'une bille de métal dans un grand cylindre de glycérol à 10% d'eau. On relève la vitesse limite v_{lim} de la bille : $v_{\mathrm{lim}} = 2,35$ mm·s^{-1}. La bille a un diamètre de 0,5 mm, une masse volumique de $7,8 \cdot 10^3$ kg·m^{-3}. La masse volumique de la glycérine vaut $\rho(\text{glycérine}) = 1,26 \cdot 10^3$ kg·m^{-3}.

Activité 3-6 : Déterminer les viscosités dynamique $\eta(\text{glycérine})$ et cinématique $\nu(\text{glycérine})$ de la glycérine.

3.4.2.2 Re petit : écoulement laminaire

L'écoulement est symétrique entre l'amont et l'aval (figure 3.9).

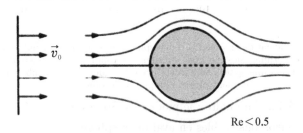

Re < 0.5

FIGURE 3.9   Fluide visqueux en écoulement autour d'une sphère immobile. Nombre de Reynolds Re petit.

Ce type d'écoulement est dit réversible : lorsqu'on inverse le sens de la vitesse, les lignes de courant sont les mêmes.

Lorsque Re est très petit (Re $\ll$ 1) on parle aussi d'**écoulement rampant**.

3.4.2.3   Re moyen : tourbillons stables derrière la sphère

Pour un nombre de Reynolds plus élevé, il apparaît des tourbillons stables derrière la sphère. La taille de ces tourbillons augmente avec Re (figure 3.10).

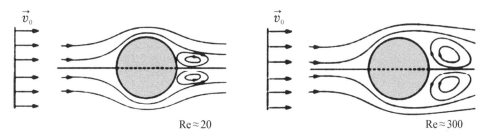

Re ≈ 20   Re ≈ 300

FIGURE 3.10   Fluide visqueux en écoulement autour d'une sphère immobile. Nombre de Reynolds Re intermédiaire.

3.4.2.4   Re grand : écoulement turbulent

À partir de Re voisin de 1000, une zone turbulente se développe derrière la sphère, en aval de l'écoulement. Dans cette zone, les lignes de courant ne sont plus identifiables. Nous reviendrons sur ce régime dans la partie suivante.

3.4.3   Écoulement autour d'un cylindre

Le comportement observé pour un obstacle sphérique, est observé pour divers obstacles, quelle que soit leur forme. Examinons l'évolution de l'écoulement autour d'un obstacle de forme cylindrique de révolution, infini dans la direction de son axe de révolution. La figure 3.11 représente le coefficient de traînée C_x en fonction du nombre de Reynolds de l'écoulement Re. La figure a une allure semblable à celle obtenue dans le cas de la sphère. Les lignes de courant de l'écoulement autour d'un cylindre, pour Re différents, sont schématisées en Figure 3.12.

3.4.3.1   Re petit : écoulement laminaire

L'écoulement est réversible, comme dans le cas de la sphère. Lorsque Re est très petit (Re $\ll$ 1) on parle aussi d'**écoulement rampant**.

3.4.3.2   Re moyen : tourbillons dans le sillage du cylindre

Des tourbillons apparaissent dans le sillage du cylindre. Pour un nombre de Reynolds de l'ordre de 100, des tourbillons se détachent périodiquement du cylindre, alors que d'autres se forment. L'écoulement est périodique, mais les lignes de cou-

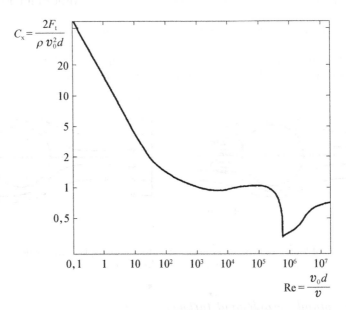

FIGURE 3.11   Coefficient de traînée C_x d'un cylindre en fonction du nombre de Reynolds Re. La longueur d est le diamètre du cylindre. Attention : la grandeur F_t, sur cette figure, est une force *par unité de longueur dans la direction de l'axe du cylindre*.

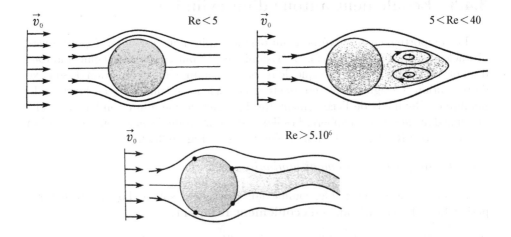

FIGURE 3.12   Fluide visqueux en écoulement autour d'un cylindre immobile pour les nombres de Reynolds variés.

rant sont encore identifiables. C'est le régime des **tourbillons alternés** étudiés par Bénard et par Von Karman. Ces tourbillons constituent un ensemble stable (allée de tourbillons) qui se déplace en bloc, entraîné par le courant. La vitesse d'entraînement des tourbillons est un peu inférieure à la vitesse de l'écoulement. La figure 3.13 montre des **allées de Von Karman** dans le cas de deux systèmes de dimensions caractéristiques très différentes.

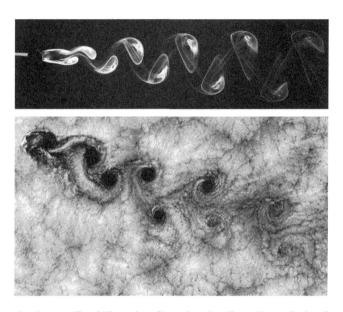

FIGURE 3.13   Au-dessus : Tourbillons dans l'air, dans le sillage d'un cylindre. Le cylindre est à gauche de la photographie ; son diamètre est de quelques centimètres. L'écoulement va de la gauche vers la droite. Il est rendu visible par de la vapeur d'huile émise par la surface du cylindre. En-dessous : Tourbillons dans l'air, dans le sillage d'une île de l'archipel Juan Fernandez (Chili). La largeur de la photographie correspond à une distance de quelques kilomètres. L'île est située à gauche de la photographie. Le vent souffle de la gauche vers la droite. Il est rendu visible par la vapeur d'eau, c'est-à-dire les nuages qu'elle forme dans l'atmosphère.

3.4.3.3   *Re grand : écoulement turbulent*

À partir de Re voisin de 300, les tourbillons deviennent turbulents, c'est-à-dire que les lignes de courant ne sont plus identifiables dans ces régions du fluide. Nous étudierons ce régime plus loin.

3.4.4   Écoulement autour d'une aile

La définition des surfaces de référence S_t et S_p peut être fixée par des usages anciens. Par exemple pour les ailes, l'usage est de donner la même valeur à ces deux surfaces, et de prendre comme valeur commune le maître-couple :

$$S_t = S_p = S = Lh. \tag{3.58}$$

avec h la hauteur de l'aile, vue depuis l'amont de l'écoulement, et L la longueur de l'aile. Cette surface de référence est appelée aussi **surface alaire**. La conséquence est que, pour les ailes, le coefficient C_z est surestimé. On observe ainsi (voir figure 3.15) que le coefficient C_z est de l'ordre de 0,1, tandis que le coefficient C_x est de l'ordre de 10^{-2} :

$$C_x(\text{aile}) \simeq 10^{-2} \quad ; \quad C_z(\text{aile}) \simeq 0,1. \tag{3.59}$$

Par exemple, pour un avion de ligne (Boeing 787, Airbus A380) le C_x est entre 0,02 et 0,03. Pour un avion de chasse, il est entre 0,04 et 0,05.

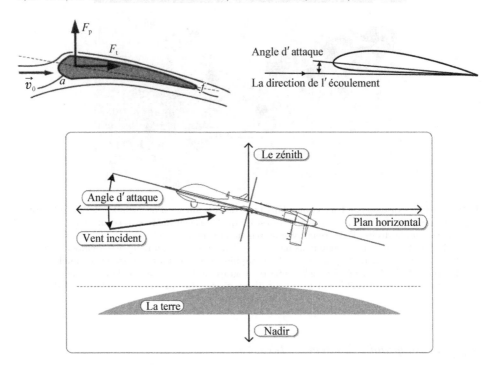

FIGURE 3.14   Écoulement autour d'une aile d'avion. En haut à gauche : vue schématique de l'aile et de l'écoulement. a est le **bord d'attaque**. f est le **bord de fuite**. En haut à droite : définition de l'angle d'attaque. L'angle d'attaque est défini dans le référentiel terrestre : c'est l'angle entre la direction du vent incident, et l'axe de l'aile. En bas : grandeurs fondamentales pour définir la position d'un avion.

On appelle angle d'attaque α l'angle entre l'axe de l'aile et la direction de l'écoulement $\vec{v}_0$: voir figure 3.14. La figure 3.15 représente l'évolution des coefficients C_x et C_z en fonction de l'angle d'attaque α.

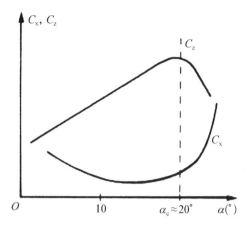

FIGURE 3.15   Écoulement autour d'une aile d'avion : coefficient de portance C_z et coefficient de traînée C_x en fonction de l'angle d'attaque α.

3.5 NOTION DE COUCHE LIMITE

Dans un écoulement parfait, les causes d'irréversibilité sont négligeables. Cela signifie en particulier que les particules de fluide évoluent de manière adiabatique et réversible, c'est-à-dire isentropique. Cela signifie aussi que les effets de la viscosité sont négligeables : le nombre de Reynolds est en principe infini. Ces écoulements ont été étudiés dans le chapitre 2.

Nous allons étudier dans cette partie des écoulements dans lesquels le nombre de Reynolds est fini. Nous étudions en particulier ce qui se passe quand le fluide est près d'un obstacle.

3.5.1 Vitesse au voisinage de l'obstacle

Au voisinage de l'obstacle, le champ de vitesse est continu. Cela signifie que la viscosité du fluide introduit une condition de non-glissement : la couche de fluide en contact avec l'obstacle a une vitesse nulle.

> Une couche de fluide permet d'adapter la composante tangentielle du champ de vitesse, qui passe d'une valeur nulle (sur l'obstacle supposé immobile) à une valeur $\vec{v}_0$, qui représente la vitesse du fluide si l'écoulement n'était pas perturbé par l'obstacle. Cette couche de fluide est appelée **couche limite**.

Les effets de la viscosité sont importants dans la couche limite. À nombre de Reynolds petit, l'écoulement dans la couche limite est laminaire. À nombre de Reynolds grand, il peut devenir turbulent. La transition du régime laminaire au régime turbulent dans la couche limite, correspond à la chute de la traînée que nous avons observée dans la courbe C_x-Re. Nous reviendrons sur ce point plus loin.

> L'étude d'un écoulement autour d'un obstacle se décompose en :
> - un écoulement considéré comme parfait, hors de la couche limite ;
> - un écoulement où les effets de la viscosité ne sont pas négligeables, dans la couche limite.

3.5.2   Épaisseur de la couche limite

Considérons le cas d'une plaque semi-infiniment longue (figure 3.16). Considérons une partie bornée du fluide. Cette partie de fluide est emportée à la vitesse $\vec{v}_0$. Prenons comme instant origine ($t = 0$) l'instant où elle passe à la hauteur de l'arête de la plaque, c'est-à-dire en $x = 0$.

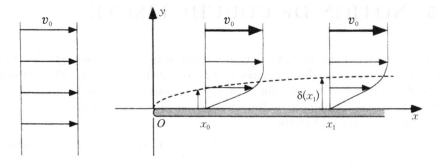

FIGURE 3.16   Écoulement le long d'une plaque semi-infinie d'un fluide visqueux.

Après une durée t, à l'intérieur de cette région, la distance sur laquelle la diffusion a des effets importants, est une distance δ de l'ordre de $\sqrt{\nu t}$. Pendant cette durée t, la région de fluide a avancé d'une distance x telle que $x = v_0 t$. On a donc la relation, pour une position x donnée, entre $\delta(x)$ et x :

$$\delta(x) = \sqrt{\frac{\nu x}{v_0}}$$

La distance $\delta(x)$ est l'épaisseur de la région où la diffusion a des effets importants, au niveau de l'abscisse x de la plaque. Cette région est donc la couche limite. Elle se développe à partir du contact entre la plaque et le fluide. Plus la distance entre le début de la plaque, et le point x considéré, est grande, plus δ est grande.

Notons L la longueur de la plaque dans le sens de la vitesse $\vec{v}_0$ du fluide. La même analyse que ci-dessus, conduit à l'expression suivante pour l'épaisseur de la couche limite en $x = L$:

$$\delta(L) = \sqrt{\frac{\nu L}{v_0}} \qquad (3.60)$$

ou aussi bien

$$\frac{\delta(L)}{L} = \frac{1}{\sqrt{\mathrm{Re}}} \qquad (3.61)$$

avec Re le nombre de Reynolds global de l'écoulement :

$$\mathrm{Re} = \frac{v_0 L}{\nu}. \qquad (3.62)$$

À nombre de Reynolds Re moyen ou faible, δ est comparable ou même supérieure à L la dimension caractéristique de l'objet. Les phénomènes visqueux concernent alors l'ensemble de l'écoulement, et non pas seulement une fine couche au voisinage de l'obstacle : la notion de couche limite n'a pas de sens dans ce cas.

À nombre de Reynolds élevé (Re $\gg$ 1), δ est très petit devant L. Dans la limite où Re est infini, δ s'annule, et on trouve alors la limite de l'écoulement parfait.

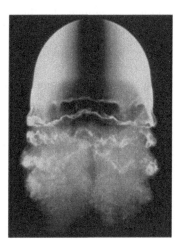

FIGURE 3.17   Sphère en mouvement de translation rectiligne dans un fluide globalement au repos, à nombre de Reynolds élevé. On observe le décollement de la couche limite et le sillage turbulent à l'arrière de la sphère.

3.5.3 Chute de la traînée

Définissons le nombre de Reynolds local, caractéristique de l'écoulement dans la couche limite :

$$\mathrm{Re}_{\text{local}} \simeq \frac{v_0 \delta}{\nu} = \frac{v_0}{\nu}\sqrt{\frac{\nu L}{v_0}} = \sqrt{\mathrm{Re}_{\text{global}}} \ \text{avec} \ \mathrm{Re}_{\text{global}} \simeq \frac{v_0 L}{\nu}.$$

On voit donc que la limite $\mathrm{Re}_{\text{global}} = 10^6$, correspond à $\mathrm{Re}_{\text{local}} = 10^3$. Or on a vu que, dans l'approche globale du système, la valeur 1000 pour $\mathrm{Re}_{\text{global}}$ correspond à l'apparition d'un sillage turbulent en aval de la sphère. Ce calcul confirme l'interprétation précédente :

> La chute de la traînée correspond à la transition écoulement laminaire/ écoulement turbulent dans la couche limite.

Remarque La chute de la traînée pour $\mathrm{Re}_{\text{global}} > 10^6$ est utilisée par exemple en golf : la surface des balles de golf est irrégulière, ce qui favorise la turbulence dans le fluide, et permet d'obtenir des valeur de $\mathrm{Re}_{\text{global}}$ pour lesquelles la couche limite est turbulente. La balle est alors moins freinée à son passage dans l'air : elle va plus loin.

Derrière l'obstacle, la couche limite **décolle de l'obstacle** (voir les figures 3.17-3.18). Il y a une zone du fluide dans laquelle les lignes de courant ne sont plus identifiables : l'écoulement, dans cette zone, est **turbulent**.

On observe que, dans le régime de chute de la traînée, la couche limite se décolle plus loin sur l'obstacle, et il y a réduction de la région dans laquelle l'écoulement est turbulent : le sillage devient plus petit comme montré en Figure 3.18. Nous exprimons cette observation, vérifiée également par les figures 3.19-3.20, en faisant le lien avec la turbulence dans la couche limite :

> La couche limite laminaire se décolle plus facilement de l'obstacle, que la couche limite turbulente.

3.6 ÉCOULEMENT DANS UN TUBE

Un fluide visqueux est en écoulement permanent incompressible dans une conduite cylindrique, de longueur l, de section circulaire de rayon R. Le nombre de Reynolds associé à cet écoulement peut être écrit sous la forme $\mathrm{Re} = \dfrac{Rl}{\nu}$. On néglige l'action

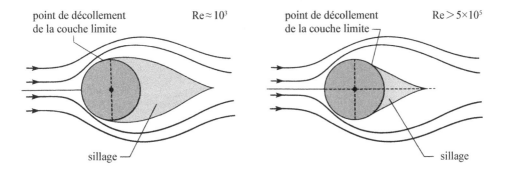

FIGURE 3.18 Fluide visqueux en écoulement turbulent autour d'une sphère pour deux nombres de Reynolds différents. L'écoulement dans la couche limite est laminaire pour Re≈ 10^3, et turbulent pour Re> $5 \cdot 10^5$.

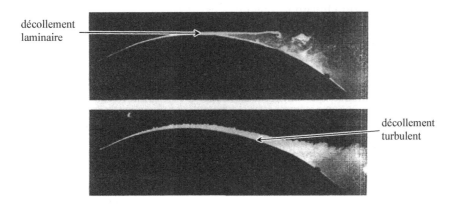

FIGURE 3.19 Décollement d'une couche limite sur une paroi courbe. Photographie du dessus : la couche limite est laminaire. Photographie du dessous, la couche limite est turbulente. On observe que la couche limite turbulente se détache moins de l'obstacle que la couche limite laminaire.

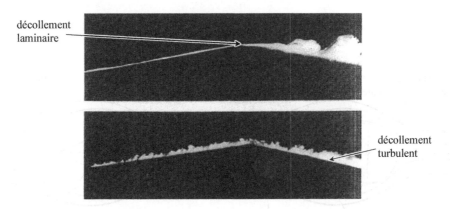

décollement
laminaire

décollement
turbulent

FIGURE 3.20   Décollement d'une couche limite sur une paroi anguleuse. Photographie du
dessus, la couche limite est laminaire. Photographie du dessous, la couche limite est turbulente.
On observe que la couche limite turbulente se détache moins de l'obstacle que la couche limite
laminaire.

de la pesanteur. Soit Oz l'axe du cylindre. On adopte les coordonnées cylindriques (r, θ, z).

$\Delta P = P(l) - P(0)$ est la différence de pression entre l'entrée et la sortie de l'écoulement. La constante positive

$$K = -\frac{\Delta P}{l}$$

est appelée **perte de charge** le long de la canalisation.

3.6.1   Régime laminaire / régime turbulent

Un fluide visqueux s'écoule dans un tube de diamètre d, avec un débit volumique Q. La viscosité cinématique du fluide est notée ν. Le nombre de Reynolds associé à cet écoulement est de la forme $\mathrm{Re} = \dfrac{vd}{\nu}$ avec v une vitesse caractéristique de l'écoulement. La valeur du nombre de Reynolds correspondant à la limite régime laminaire/régime turbulent, pour un écoulement dans un tube, est $\mathrm{Re}_{\mathrm{lim}} = 2 \cdot 10^3$.

Prenons un premier exemple. On considère l'écoulement de pétrole dans un tube de diamètre $d = 1{,}2$ m. Il s'écoule avec un débit de 3400 l·s^{-1}. La viscosité cinématique du pétrole ν à 20 °C est proche de 50 mm^2·s^{-1}.

Activité 3-7 : L'écoulement est-il laminaire ou turbulent ?

Prenons un deuxième exemple. On considère l'écoulement de l'eau dans un tube de diamètre intérieur d. On donne la valeur de la viscosité dynamique de l'eau supposée constante : $\eta = 1,0 \cdot 10^{-3}$ Pl.

Activité 3-8 :

1. Quelle condition doit satisfaire le diamètre d pour que l'écoulement soit laminaire avec un débit de 1 l·min^{-1} ?

2. On remplace le tuyau unique par 10 tuyaux identiques de même longueur placés en parallèle. Pour un même débit total, quelle condition doit vérifier leur diamètre, pour que l'écoulement reste laminaire ?

3.6.2   Champ de vitesse en régime laminaire

3.6.2.1   Expression de la vitesse

À partir de maintenant, on suppose que l'écoulement est laminaire et incompressible (Re inférieur à 2000), et on considère que le fluide est homogène et newtonien.

Étant donnée la symétrie de révolution autour de Oz, les grandeurs physiques ne dépendent pas de θ. La vitesse du fluide est donc de la forme $\vec{v} = v(r,z)\vec{e}_z$.

Activité 3-9 : Montrer que la vitesse v est de la forme :

$$v(r) = \frac{K}{4\eta}(R^2 - r^2) \tag{3.63}$$

avec K une constante positive dont on donnera une interprétation. Le profil de $v(r)$ est donné en Figure 3.21.

Corrigé de l'activité ci-dessus

L'écoulement étant incompressible, $\operatorname{div}\vec{v} = 0$ et $\dfrac{\partial v}{\partial z} = 0$, d'où il vient que $\vec{v} = v(r)\vec{e}_z$. L'accélération particulaire est donc nulle, et l'équation de Navier-Stokes prouve que l'on a

$$-\overrightarrow{\operatorname{grad}}P + \eta\vec{\Delta}\vec{v} = 0.$$

Considérons les coordonnées de ces deux vecteurs :

$$-\overrightarrow{\operatorname{grad}}P \begin{vmatrix} -\dfrac{\partial P}{\partial r} \\ 0 \\ -\dfrac{\partial P}{\partial z} \end{vmatrix} \quad ; \quad \eta\vec{\Delta}\vec{v} \begin{vmatrix} 0 \\ 0 \\ \eta\dfrac{1}{r}\dfrac{\mathrm{d}}{\mathrm{d}r}(r\dfrac{\mathrm{d}v}{\mathrm{d}r}) \end{vmatrix}. \tag{3.64}$$

La projection sur $\vec{e}_r$ montre que P ne dépend pas de r, et donc que la pression est uniforme en tout point d'une section droite du cylindre. P ne dépend donc que de z. La projection sur Oz donne :

$$\frac{\mathrm{d}P}{\mathrm{d}z} = \eta\frac{1}{r}\frac{\mathrm{d}}{\mathrm{d}r}\left(r\frac{\mathrm{d}v}{\mathrm{d}r}\right).$$

Le membre de gauche de cette équation est une fonction de z uniquement. Le membre de droite de cette équation est une fonction de r uniquement. L'égalité des deux quantités a pour conséquence que ces deux quantités sont égales à une même constante que nous noterons $-K$. On voit donc que la pression varie linéairement avec z : entre l'entrée ($z = 0$) et la sortie ($z = l$) de l'écoulement, on a que $P(l) - P(0) = -Kl$, ou

$$K = -\frac{\Delta P}{l}$$

avec $\Delta P = P(l) - P(0)$. K représente le **gradient de la pression entre l'entrée et la sortie** du tube.

On a en particulier que

$$\eta\frac{1}{r}\frac{\mathrm{d}}{\mathrm{d}r}\left(r\frac{\mathrm{d}v}{\mathrm{d}r}\right) = -K,$$

ce qui entraîne

$$\frac{\mathrm{d}v}{\mathrm{d}r} = -K\frac{r}{2\eta} + \frac{a}{r}$$

et

$$v(r) = -K\frac{r^2}{4\eta} + a\ln\left(\frac{r}{R}\right) + b,$$

avec a et b deux constantes que nous déterminons par référence aux conditions aux limites.

En $r = 0$, la vitesse est finie, ce qui entraîne $a = 0$.

En $r = R$, la vitesse est nulle, ce qui entraîne $b = K\dfrac{R^2}{4\eta}$.

On conclut : $v(r) = \dfrac{K}{4\eta}(R^2 - r^2)$.

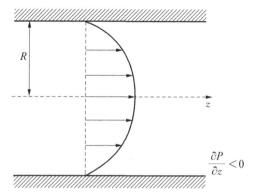

FIGURE 3.21   Fluide visqueux en écoulement permanent dans une canalisation cylindrique de révolution. La figure montre le profil de la vitesse dans la canalisation.

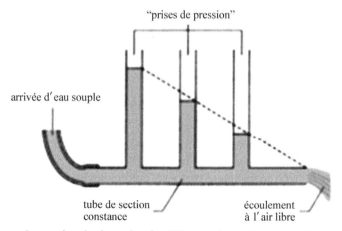

Les maxima de niveau dans les différents tubes verticaux sont alignés

FIGURE 3.22   Les maxima de niveau dans les différents tubes verticaux, sont alignés. Cette observation illustre la notion de perte de charge.

3.6.2.2   Débit volumique

Le débit volumique à travers une section droite Σ du tube est

$$Q = \iint_{M \in \Sigma} \vec{v}(M) \cdot \mathrm{d}\vec{\Sigma}.$$

Activité 3-10 : Écrire la relation entre ΔP et Q.

Corrigé de l'activité ci-dessus.

Avec l'expression de la vitesse obtenue auparavant, on calcule :

$$Q = \int_r \int_\theta v(r)r.\mathrm{d}r.\mathrm{d}\theta = \frac{K\pi}{2\eta} \int_0^R (R^2 - r^2)r.\mathrm{d}r = \frac{K\pi}{8\eta}R^4,$$

c'est-à-dire, en remplaçant K par son expression obtenue précédemment :

$$D_V = -\frac{\Delta P \pi}{8\eta l}R^4.$$

On obtient une relation entre la chute de pression et la longueur du tube :

$$\boxed{\Delta P = -\frac{8\eta l}{\pi R^4}Q}. \tag{3.65}$$

À débit volumique constant, la chute de pression le long de l'écoulement est proportionnelle à la longueur, comme montré en Figure 3.22.

Les résultats précédents peuvent être appliqués au cas de la vidange d'un réservoir rempli d'un fluide visqueux newtonien (figure 3.23).

Un récipient cylindrique de révolution, d'axe vertical, de section droite de diamètre $D = 30$ cm, est terminé par un tube horizontal, lui aussi cylindrique de révolution, de section droite de diamètre $d = 1$ mm, de longueur $L = 30$ cm. On peut considérer $d \ll D$. Le récipient contient un liquide visqueux newtonien incompressible, de masse volumique $\rho = 10^3$ kg·m^{-3}, qui s'écoule lentement à travers le tube horizontal. On note η la viscosité dynamique du fluide. On prendra $\eta = 10^{-3}$ Pl. On note ΔP la différence de pression entre l'entrée du tube horizontal et sa sortie ; ΔP est une grandeur positive. L'ensemble du système est plongé dans l'atmosphère de pression uniforme P_0. La hauteur libre du liquide passe de l'altitude $h = 40$ cm (mesurée à partir de l'orifice du tube horizontal) à l'altitude $h/2 = 20$ cm, en une durée notée Δt.

Activité 3-11 :

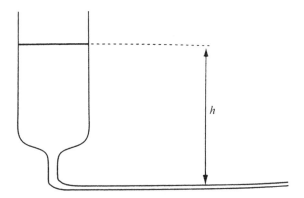

FIGURE 3.23   Réservoir rempli d'un fluide visqueux. Le réservoir est percé d'un orifice en son
fond. La vidange est d'autant plus longue que la viscosité du fluide est grande.

1. Pourquoi l'écoulement peut-il être considéré comme stationnaire ?

2. Exprimer ΔP en fonction de h, de ρ et de g l'accélération de la pesanteur.

3. Calculer le nombre de Reynolds Re pour l'écoulement dans le tube. Quel est le régime de l'écoulement ?

4. Exprimer le débit en sortie du tube horizontal, en fonction de ΔP, η, L et d.

5. Exprimer Δt en fonction de ρ, g, η, L et des diamètres d et D. Application numérique.

3.6.3   Aspect énergétique

Le tube est de rayon R et le débit volumique est noté Q, donc la vitesse dans le tube a un ordre de grandeur v égal à

$$v \simeq \frac{Q}{R^2}.$$

La force de viscosité $\mathrm{d}F_T$ appliquée à une tranche d'épaisseur $\mathrm{d}z$ est de l'ordre de

$$\eta \|\vec{\Delta}\vec{v}\| S\mathrm{d}z \simeq \eta \frac{v}{R^2}R^2\mathrm{d}z = \eta v\mathrm{d}z.$$

La force appliquée au cylindre de longueur l est donc ηvl. La puissance dissipée par effet de viscosité P_{visc} est :

$$P_{\mathrm{visc}} \simeq \eta v^2 l \simeq \eta \frac{lD_V^2}{R^4}. \tag{3.66}$$

En régime permanent, cette puissance est égale à la puissance mécanique P fournie pour faire avancer le fluide dans la canalisation :

$$P \simeq \eta \frac{l D_V^2}{R^4}. \tag{3.67}$$

Les applications de ces résultats sont nombreuses. Prenons l'exemple de la circulation du sang dans le corps (figure 3.24). La viscosité dynamique du sang η est

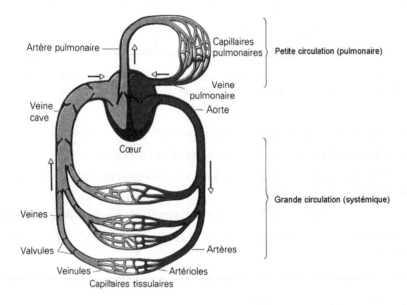

FIGURE 3.24   Schéma du réseau des capillaires sanguins et de sa relation au cœur.

de l'ordre de quelques mPl. La pression du sang dans le corps humain est variable selon l'endroit du système sanguin où l'on se place.

Considérons des grandeurs caractéristiques dans le cœur et dans les artères. Le débit volumique du sang dans le cœur Q est de l'ordre de 10^{-4} m$^3 \cdot$s^{-1}. Entre l'entrée et la sortie d'une artère, la distance caractéristique l est de l'ordre de 1 m. La variation de pression sur cette distance ΔP est de l'ordre de quelques 10^3 Pa. Le diamètre d'une artère R est de l'ordre de quelques 10^{-3} m. Le nombre de Reynolds associé à cet écoulement

$$\text{Re} = \frac{\rho R v}{\eta} = \frac{\rho R Q}{R^2 \eta} = \frac{\rho Q}{R \eta}$$

est de l'ordre de 10^5.

L'écoulement est donc turbulent dans les artères et à l'intérieur du cœur.

Considérons des grandeurs caractéristiques dans un vaisseau capillaire. Entre l'entrée et la sortie du capillaire, la variation de pression ΔP est de l'ordre de quelques 10^3 Pa. La distance entre l'entrée et la sortie d'un capillaire l est de l'ordre de 10^{-3} m. La vitesse du sang v dans les capillaires est de l'ordre de quelques 10^{-4}m $\cdot$ s^{-1}. Le rayon d'un capillaire R est de l'ordre de quelques μm. Le débit volumique est donc de l'ordre de 10^{-16}m$^3 \cdot$ s^{-1}. Le nombre de Reynolds associé à cet écoulement

$$\mathrm{Re} = \frac{\rho Q}{R \eta}$$

est de l'ordre de 10^{-4}.

L'écoulement est donc laminaire dans les capillaires.

Dans l'activité ci-dessous, nous considérons la circulation du sang dans un capillaire.

Activité 3-12 :

1. Évaluer, en ordre de grandeur, la puissance mécanique P nécessaire pour créer l'écoulement du sang dans le capillaire.

2. La section de tous les vaisseaux capillaires dans le corps a une aire totale S de l'ordre de quelques $0,1$ m^2. En déduire un ordre de grandeur de la puissance mécanique du cœur.

EXERCICES 3

Exercice 3-1 : L'atterrissage de Starship de SpaceX

Le Starship, montré ci-dessous, est un vaisseau spatial **réutilisable** conçu par l'entreprise SpaceX. L'atterrissage du Starship est réalisé successivement par une chute en position horizontale en mode passif (avec le moteur éteint), et un ralentissement actif en position verticale. Le Starship SN15 a atterri avec succès par cette méthode le 5 mai 2021. Le Starship est de hauteur 55 m et de diamètre 9,0 m. La masse de Starship en phase d'atterrissage est 400 tonnes.

FIGURE 3.25   Schéma de deux étapes de l'atterrissage de Starship.

1. La force de traînée pour un obstacle se déplaçant dans un fluide est souvent exprimée par $T = \frac{1}{2}\rho v^2 C_x S$. Expliquer chaque composant dans cette équation.

2. Démontrer la forme de l'équation de traînée par le Théorème de Bernoulli faible.

3. Supposons que la masse volumique de l'air est constante et égale à 1,3 kg/m^3, l'accélération pesanteur g est constante aussi. Prendre 0,5 comme valeur de C_x. Expliquer le choix de chute en mode passif **en position horizontale** au lieu de verticale. Indication : comparer leur vitesse limite. On assimile le Starship à un cylindre et néglige les effets des petites ailes.

Indication :

1. Par le théorème de Bernoulli faible, la surtension du point d'arrêt est proportionnelle à $\frac{1}{2}\rho v^2$.

2. Le maître-couple de Starship en position horizontale est plus grande qu'en position verticale, et on en déduit que la vitesse limite de chute est plus faible en position horizontale.

Exercice 3-2 : Chute d'une bille dans deux liquides

Une bille de masse 50 mg et de rayon 2 mm est lâchée dans un liquide. Premier cas : le liquide est l'eau, de viscosité $\eta = 10^{-3}$ Pl. Deuxième cas : le liquide est la glycérine, de viscosité $\eta = 1$ Pl, et de masse volumique $1,26 \cdot 10^3$ kg·m^{-3}.

Exprimer et calculer la vitesse de chute de la bille dans les deux cas. Le profil de C_x en fonction de Re est disponible en Figure 3.8.

Solution :

Le cas de l'eau : $\text{Re}_{\text{eau}} \simeq 10^4$, $v_{\text{lim}} = 0,3$ m·s^{-1} avec $C_x = 0,4$.

Le cas de glycérine : $\text{Re}_{\text{glycérine}} \simeq 0,005$ et $v_{\text{lim}} = 2 \times 10^{-3}$ m·s^{-1}.

Exercice 3-3 : Chute d'un objet dans l'air

Considérons un objet en chute dans l'air immobile. Les résultats vus précédemment à travers les exemples de la sphère et du cylindre, peuvent être généralisés au cas d'un obstacle de forme quelconque. Les caractéristiques de la chute dépendent du régime d'écoulement de l'air.

Prenons un exemple. On considère un parachutiste de masse totale (parachutiste + son équipement) $m = 120$ kg. Le coefficient de traînée du parachute ouvert vaut $C = 3{,}6$. On modélise le parachute par une voile de forme hémisphérique de diamètre $\phi = 6$ m.

1. Que vaut la vitesse limite de chute ?

2. Peut-on, avec le même parachute, se poser sur un terrain situé en haute altitude ? Pour les applications numériques, on prendra l'altitude de la ville de Lhassa, au Tibet, soit 3700 m.

3. Comment faut-il modifier le diamètre du parachute, pour que le parachutiste se pose sur un terrain à Lhassa, à la même vitesse que dans le premier cas ?

Solution :

1. $v_{\text{lim}} = 4,3$ m·s^{-1}.

2. Considérons l'atmosphère comme un gaz parfait en équilibre isotherme. La pression et la masse volumique décroissent avec l'altitude selon la loi : $\rho(z) = \rho_0 e^{-\frac{Mgz}{RT}}$ avec M la masse molaire de l'air. Numériquement, on trouve que la nouvelle valeur de masse volumique ρ' est : $\rho' = 0,7\rho$ et $v'_{\text{lim}} = 5,1$ m·s^{-1}.

3. Le nouveau diamètre $\phi' = 7,2$ m.

Exercice 3-4 : Une cuiller sur du miel

Un fluide visqueux newtonien a une forme cylindrique (C) d'axe Oz, de rayon a. L'épaisseur du fluide est e. Soit un disque solide de rayon a, posé sur la face supérieure du fluide. À l'instant initial ($t = 0^-$), le fluide et le disque sont immobiles. À cet instant ($t = 0^+$), le disque est mis en mouvement avec la vitesse constante $\vec{u} = u\vec{e}_z$. On veut décrire l'écoulement dans le fluide. On suppose que l'écoulement est stationnaire, que la vitesse $\vec{v}$ du fluide a une composante verticale négligeable : $\vec{v} \simeq v(r, z)\,\vec{e}_r$, et que la pression dépend seulement de r : $P(r)$. On note P_0 la valeur de la pression atmosphérique.

1. Montrer que v est de la forme $v(r, z) = \dfrac{f(z)}{r}$, avec f une fonction qui ne dépend que de z. Idée : Exprimer que l'écoulement est incompressible.

   On néglige le terme convectif dans l'équation de Navier-Stokes.

2. Exprimer les conditions aux limites en $z = 0$ et en $z = e$. Montrer que $f(z) = \alpha z(e - z)$ avec α une constante.

3. Exprimer α en fonction de a, e et u. Idée : Considérer l'ensemble du liquide, et écrire une égalité de deux débits volumiques.

4. Exprimer la pression $P(r)$. Commenter le résultat.

   La face inférieure du disque est au contact du fluide (pression $P(r)$). La face supérieure est au contact de l'air (pression P_0).

5. Exprimer la force exercée par ces deux fluides sur le disque. Dans quel sens est-elle orientée ? Commenter.

6. Expliquer le titre de cet exercice : « une cuiller sur du miel ».

Solution :

4. $P(r) = P_0 + 6\dfrac{a^2}{e^3}\eta u \ln\left(\dfrac{r}{a}\right)$.

   Commentaire : La pression diminue et devient même négative dans la limite où r tend vers 0 !

5. $\vec{F} = -3\pi\eta\dfrac{a^4}{e^3}u\vec{e}_z$.

6. Le miel dans le pot est représenté par le film liquide visqueux. La cuiller est représentée par le disque. Cet exercice représente ce qui se passe quand on veut soulever la cuiller.

Exercice 3-5 : Viscosimètre de Couette cylindrique

Soit deux cylindres coaxiaux de rayons R_1 et R_2 ($R_2 > R_1$) entre lesquels s'écoule un fluide newtonien incompressible de viscosité dynamique η. L'écoulement est stationnaire et laminaire. Le champ des vitesses est de la forme $\vec{v} = v(r)\,\vec{e}_\theta$. Le cylindre intérieur est immobile et le cylindre extérieur est animé d'un mouvement de rotation à vitesse angulaire constante Ω. La longueur L des cylindres est très grande devant leurs rayons.

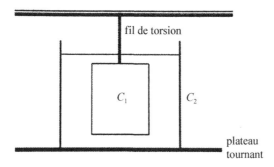

Soit le cylindre de rayon r_0 (compris entre R_1 et R_2). En géométrie cylindrique, la force que le fluide situé dans la région $r > r_0$ exerce sur une surface élémentaire dS de ce cylindre est :

$$d\vec{F} = \eta \left(r \frac{d}{dr} \left(\frac{v}{r} \right) \right) dS \vec{e}_\theta$$

1. On considère la région du fluide comprise entre les cylindres de rayons r et $r+dr$ respectivement. Appliquer le théorème du moment cinétique à ce système. En déduire que le moment des forces de viscosité par rapport à Oz sur le cylindre de rayon r, est indépendant de r, puis que le champ des vitesses est de la forme

$$v(r) = Ar + \frac{B}{r}.$$

2. Exprimer les constantes A et B en fonction de Ω, R_1 et R_2.

3. Exprimer la force subie par la surface élémentaire dS de chacun des cylindres (1) et (2). Faire un schéma en précisant la direction et le sens de ces forces élémentaires. Exprimer les résultantes des forces $\vec{F}_1$ et $\vec{F}_2$ exercées respectivement sur chaque cylindre, ainsi que les moments résultants $\vec{\Gamma}_1$ et $\vec{\Gamma}_2$ sur chacun d'eux. Commenter.

Le cylindre (1) est suspendu à un fil de torsion de constante de torsion C.

4. Expliquer comment ce dispositif permet de mesurer la viscosité d'un fluide. Établir la relation entre l'angle α dont tourne le cylindre (1) et la viscosité dynamique η.

5. On donne les valeurs $R_1 = 5$ cm ; $R_2 - R_1 = 3$ mm ; $L = 20$ cm ; $\Omega = 1,5$ tours·s^{-1} ; $C = 0{,}125$ N·m. Pour de l'huile alimentaire, le cylindre (1) a tourné à l'équilibre de l'angle $\alpha = 120°$. Calculer η. En déduire le nombre de Reynolds de l'écoulement. Commenter.

Solution détaillée :

1. Système = fluide entre les cylindres de rayons r et $r+dr$. Le régime est stationnaire donc la composante du moment cinétique par rapport à l'axe Oz σ_{Oz} est constante :

$$\frac{d\sigma_{Oz}}{dt} = 0.$$

D'après le théorème du moment cinétique appliqué au système par rapport à l'axe Oz, les moments des forces appliqués au système se compensent. Ces moments sont ici seulement ceux des forces de viscosité. On a donc :

$$r\eta r \frac{d}{dr}\left(\frac{v}{r}\right) \times 2\pi r L = \text{Cste}$$

soit

$$r^3 \frac{d}{dr}\left(\frac{v}{r}\right) = \text{Cste K}.$$

On intègre par rapport à 'r' sous la forme :

$$\frac{v}{r} = -\frac{K}{2r^2} + \text{Cste}$$

et donc

$$v(r) = Ar + \frac{B}{r}$$

avec A et B des constantes.

2. Il suffit d'exprimer le fait que la vitesse des particules fluides sur le cylindre numéro i vaut $R_i\Omega_i$, soit $AR_i + \frac{B}{R_i} = R_i\Omega_i$ avec $\Omega_1 = 0$ et $\Omega_2 = \Omega$. On a donc un système de deux équations linéaires aux deux inconnues A et B, dont la solution peut être facilement calculée. On trouve :

$$\left| \begin{array}{l} A = \dfrac{R_2^2}{R_2^2 - R_1^2}\Omega \\ B = -\dfrac{R_1^2 R_2^2}{R_2^2 - R_1^2}\Omega \end{array} \right.$$

3. Notons $d\vec{F_1}$ la force subie par la surface élémentaire dS du cylindre (1). On a d

$$\vec{F_1} = dF_1 \vec{e_\theta}$$

avec $\mathrm{d}F_1 = \eta r \dfrac{\mathrm{d}}{\mathrm{d}r}\left(A + \dfrac{B}{r^2}\right)_{r=R_1} \mathrm{d}S = -\dfrac{2B\eta}{R_1^2}\mathrm{d}S.$

Notons $\mathrm{d}\vec{F}_2$ la force subie par la surface élémentaire $\mathrm{d}S$ du cylindre (2). On a

$$\mathrm{d}\vec{F}_2 = \mathrm{d}F_2 \vec{e}_\theta$$

avec $\mathrm{d}F_2 = \dfrac{2B\eta}{R_2^2}\mathrm{d}S.$

Pour obtenir les résultantes des forces $\vec{F}_1$ et $\vec{F}_2$ exercées sur chaque cylindre, on intègre par rapport à l'angle θ. On trouve que les deux résultantes sont nulles : $\vec{F}_1 = \vec{F}_2 = \vec{0}.$

Le moment $\vec{\Gamma}_1$ est la résultante des petits

$$\mathrm{d}\vec{\Gamma}_1 = \mathrm{d}\Gamma_1 \vec{e}_z$$

avec $\mathrm{d}\Gamma_1 = R_1 \mathrm{d}F_1 = -\dfrac{2B\eta}{R_1}\mathrm{d}S.$

On intègre cette quantité sur la surface du cylindre (1), d'où le moment résultant

$$\vec{\Gamma}_1 = -2\pi R_1 L \frac{2B\eta}{R_1}\vec{e}_z = -4\pi L B \eta \vec{e}_z.$$

On trouve de la même manière le moment résultant $\vec{\Gamma}_2$: $\vec{\Gamma}_2 = 4\pi L B \eta \vec{e}_z.$

On constate que les deux moments s'annulent : $\vec{\Gamma}_1 + \vec{\Gamma}_2 = \vec{0}.$ Ce résultat est conforme au théorème du moment cinétique.

4. Plus le fluide est visqueux, plus le moment $\vec{\Gamma}_1$ est intense, plus le fil de torsion se déforme, plus l'angle α est grand. Le cylindre (1) étant immobile, on a : $\vec{\Gamma}_1 - C\alpha\vec{e}_z = \vec{0}$ soit $4\pi L B \eta + C\alpha = 0$ et donc

$$\eta = -\frac{C\alpha}{4\pi LB} = K\alpha$$

avec $K = \dfrac{C}{4\pi L\Omega}\dfrac{R_2^2 - R_1^2}{R_1^2 R_2^2}.$

5. Pour de l'huile alimentaire, $\alpha = 120°$, on calcule $\eta = 0,58$ Pl. D'où le nombre de Reynolds de l'écoulement $\mathrm{Re} = \dfrac{\rho\left(R_2 - R_1\right)v}{\eta}$ soit ici $\mathrm{Re} = \dfrac{\rho\left(R_2 - R_1\right)R_2\Omega}{\eta}$;

numériquement on trouve $\mathrm{Re} = 2,4.$

L'écoulement est donc en effet laminaire.

Exercice 3-6 : Viscosimètre à plateaux

Deux disques, de même rayon a, tournent autour du même axe vertical Oz. L'espace entre les disques est occupé par un fluide newtonien incompressible, de masse volumique ρ, de viscosité cinématique ν et de viscosité dynamique η. La distance entre les disques e est très petite devant $a : e \ll a$.

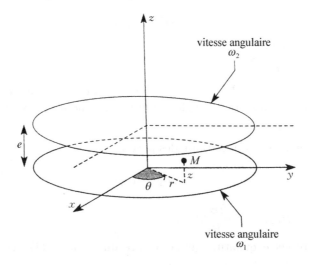

FIGURE 3.26   Schéma de principe du viscosimètre à plateau.

Le champ des vitesses est de la forme : $\vec{v} = r\omega(z,t)\,\vec{e}_\theta$. La vitesse angulaire ω_1 est la vitesse angulaire de rotation du disque $D1$ ($z = 0$). La vitesse angulaire ω_2 est la vitesse angulaire de rotation du disque $D2$ ($z = e$). La figure 3.26 représente le système.

La force de viscosité $\mathrm{d}\vec{F}_T$ exercée par une tranche de fluide supérieure sur une tranche de fluide inférieure, et qui s'exerce sur une surface d'aire $\mathrm{d}S$ parallèle au plan Oxy, est telle que :

$$\frac{\mathrm{d}\vec{F}_T}{\mathrm{d}S} = \eta \frac{\partial v}{\partial z}\vec{e}_\theta. \tag{3.68}$$

On néglige les effets de la pesanteur, des forces de pression, et des forces capillaires.

1. La forme du champ de vitesse est-elle compatible avec les hypothèses et la géométrie du problème ?

2. Décrire le mouvement du fluide contenu dans une tranche entre z et $z+\mathrm{d}z$.

3. Appliquer le théorème du moment cinétique au fluide situé dans la région entre r et $r+\mathrm{d}r$, et entre z et $z+\mathrm{d}z$. En déduire une équation aux dérivées partielles vérifiées par $\omega(z,t)$. On note (E) cette équation.

Étude du régime permanent

4. Déterminer la fonction $\omega(z)$.

5. Exprimer le couple $\vec{\Gamma}$ exercé par le fluide sur le disque $D2$. Calculer $\Gamma = \| \vec{\Gamma} \|$ dans le cas de l'huile de ricin à 50 °C : $\eta = 0{,}12$ Pl ; $\rho = 900$ kg·m^{-3} ; $\nu = 1{,}3 \cdot 10^{-4}$ m^2·s^{-1} ; $a = 10$ cm ; $e = 0{,}1$ mm ; $\omega_2 - \omega_1 = 2000$ tr·min^{-1}.

Étude du régime transitoire

Le système est initialement au repos : ω est nul partout. ω_2 étant maintenue nulle, ω_1 passe brutalement de 0 à Ω à l'instant $t = 0$.

1. Exprimer puis calculer τ_c, durée caractéristique d'établissement du régime permanent. On considérera l'équation différentielle (E), et on raisonnera en ordres de grandeur.

2. À quelle condition peut-on considérer que le couple de frottement subi par $D2$ est proportionnel à $(\omega_2 - \omega_1)$?

Solution détaillée :

1. Les conditions aux limites en vitesse sont vérifiées en $z = 0$ et en $z = e$: la vitesse est tangentielle aux disques. On vérifie que div $\vec{v} = 0$, ce qui est en accord avec le fait que l'écoulement est incompressible.

2. Dans la tranche de fluide entre z et $z+dz$, le fluide est en rotation autour de l'axe Oz à la vitesse angulaire $\omega(z,t)$. Remarque : La tranche de fluide est cisaillée.

3. On prend pour système le fluide situé dans la couronne entre r et $r+dr$, et entre z et $z+dz$. Le moment cinétique de ce système par rapport à Oz est $2\pi\rho r^3 \omega dr dz$. La dérivée par rapport au temps de cette quantité est

$$2\pi\rho r^3 \frac{\partial \omega}{\partial t} dr\, dz.$$

Considérons les actions mécaniques subies par le fluide. Sur les surfaces perpendiculaires à $\vec{e}_r$, il n'y a pas de cisaillement (puisque le fluide tourne comme un solide) et donc il n'y a pas de force de viscosité. Sur la surface perpendiculaire à $\vec{e}_z$ en $z+dz$, s'exerce la force

$$\eta \frac{\partial v}{\partial z}(z + dz)\, rdrd\theta\vec{e}_\theta.$$

Le moment sur Oz est

$$\eta \frac{\partial v}{\partial z}(z + dz)\, r^2drd\theta.$$

Après intégration sur la surface, le moment résultant est

$$2\pi\eta \frac{\partial v}{\partial z}(z + dz)\, r^2dr.$$

Sur la surface perpendiculaire à $\vec{e}_z$ en z, s'exerce la force

$$-\eta\frac{\partial v}{\partial z}(z)\,r\mathrm{d}r\mathrm{d}\theta\vec{e}_\theta.$$

Le moment sur Oz est

$$-\eta\frac{\partial v}{\partial z}(z)\,r^2\mathrm{d}r\mathrm{d}\theta.$$

Après intégration sur la surface, le moment résultant est

$$-2\pi\eta\frac{\partial v}{\partial z}(z)\,r^2\mathrm{d}r.$$

Le moment résultant de ces deux champs de forces est

$$2\pi\eta\left[\frac{\partial v}{\partial z}(z+\mathrm{d}z)-\frac{\partial v}{\partial z}(z)\right]r^2\mathrm{d}r,$$

soit $2\pi\eta\dfrac{\partial^2 v}{\partial z^2}r^2\mathrm{d}r\mathrm{d}z = 2\pi\eta\dfrac{\partial^2\omega}{\partial z^2}r^3\mathrm{d}r\mathrm{d}z.$

Le système est fermé, et nous supposons le référentiel d'étude galiléen, donc le théorème du moment cinétique (par rapport à l'axe Oz) peut être appliqué, et on trouve :

$$2\pi\rho r^3\frac{\partial\omega}{\partial t}\mathrm{d}r\,\mathrm{d}z = 2\pi\eta\frac{\partial^2\omega}{\partial z^2}r^3\mathrm{d}r.\mathrm{d}z.$$

On en déduit l'équation (E) :

$$\frac{\partial\omega}{\partial t} = \nu\frac{\partial^2\omega}{\partial z^2}$$

avec ν la viscosité cinématique du fluide.

4. En régime permanent, $\dfrac{\partial\omega}{\partial t} = 0$ et la vitesse ω dépend donc seulement de z. L'équation (E) s'écrit :

$$\frac{\mathrm{d}^2\omega}{\mathrm{d}z^2} = 0. \tag{3.69}$$

La vitesse ω est donc une fonction affine de z. Une première intégration par rapport au temps conduit à :

$$\frac{\mathrm{d}\omega}{\mathrm{d}z} = \text{Cste}.$$

La continuité de la vitesse en $z = 0$ et en $z = e$ entraîne :

$$\frac{\mathrm{d}\omega}{\mathrm{d}z} = \frac{\omega_2 - \omega_1}{e}.$$

La deuxième intégration conduit finalement à :

$$\omega(z) = \omega_1 + \frac{\omega_2 - \omega_1}{e}z. \qquad (3.70)$$

5. Une tranche $[r, r + \mathrm{d}r]$ du disque D2 est soumise au moment sur Oz :

$$-2\pi\eta\frac{\mathrm{d}v}{\mathrm{d}z}r^2\mathrm{d}r = -2\pi\eta\frac{\mathrm{d}\omega}{\mathrm{d}z}r^3\mathrm{d}r.$$

Avec l'expression de $\dfrac{\mathrm{d}\omega}{\mathrm{d}z}$ obtenue précédemment, ce moment s'écrit aussi :

$$-2\pi\eta\frac{\mathrm{d}v}{\mathrm{d}z}r^2\mathrm{d}r = -2\pi\eta\frac{\omega_2 - \omega_1}{e}r^3\mathrm{d}r.$$

Le couple $\vec{\Gamma} = \Gamma\vec{e}_z$ est tel que Γ est l'intégrale de ces quantités sur la surface du disque :

$$\Gamma = -2\pi\eta\frac{\omega_2 - \omega_1}{e}\int_0^a r^3\mathrm{d}r$$

soit, après calcul :

$$\vec{\Gamma} = -\frac{\pi}{2}\eta a^4\frac{\omega_2 - \omega_1}{e}\vec{e}_z.$$

Finalement :

$$\vec{\Gamma} = -\frac{\pi\eta a^4}{2e}(\omega_2 - \omega_1)\,\vec{e}_z. \qquad (3.71)$$

L'application numérique conduit à :

$$\|\,\vec{\Gamma}\,\| = 39,5\ \mathrm{N}\cdot\mathrm{m}. \qquad (3.72)$$

6. Une distance caractéristique pour le cisaillement est e. Un ordre de grandeur pour ω est Ω. Un ordre de grandeur pour la durée est noté, d'après l'énoncé, τ_c. L'équation (E) peut être écrite en ordres de grandeur : $\dfrac{\Omega}{\tau_c} = \nu\dfrac{\Omega}{e^2}$, d'où $\tau_c = \dfrac{e^2}{\nu}$. Numériquement : $\tau_c = 80\mu s$.

7. Si le régime permanent est atteint, alors le couple de frottement subi par D2 est proportionnel à $(\omega_2 - \omega_1)$. La condition demandée, est donc la condition pour que le régime permanent soit atteint. Il suffit pour cela d'attendre une durée t très grande devant τ_c : $t \gg \tau_c$.

APPENDICE

A.1 Écoulement bidimensionnel

On considère deux fluides parfaits immiscibles. La pression à l'interface entre les fluides n'est en général pas continue, à cause des effets de capillarité et de la courbure de l'interface. La discontinuité de pression est donnée par la **loi de Laplace**. Afin d'énoncer cette loi, nous devons tout d'abord définir la notion de courbure d'une surface orientée.

Considérons le cas particulier d'un écoulement bidimensionnel. Les champs sont donc invariants par translation dans une direction donnée $\vec{u}$ de l'espace. Plaçons-nous dans un plan perpendiculaire à $\vec{u}$. Deux fluides immiscibles, notés 1 et 2, sont séparés par une surface. Dans le plan considéré, l'interface entre les deux fluides 1 et 2 est une courbe $\mathcal{C}$. On considère le cercle osculateur à $\mathcal{C}$ en M. Par définition, le cercle osculateur à $\mathcal{C}$ en M est le cercle qui approche au mieux la forme de l'interface localement au voisinage de M. Soit C le centre de ce cercle, et $|R|$ son rayon. On considère le vecteur unitaire $\vec{n}$ normal à la courbe, orienté du fluide 1 vers le fluide 2.

Le rayon de courbure R pour $\mathcal{C}$ en M vaut :

$$R = \overline{MC}. \qquad\qquad (A.1)$$

C'est donc une grandeur algébrique :
Si C est du côté vers lequel pointe $\vec{n}$, alors le rayon de courbure R en M est positif : $R > 0$.
Si C est de l'autre côté, alors le rayon de courbure R en M est négatif : $R < 0$.

La grandeur $1/R$ est appelée courbure en M. La figure A.1 montre un exemple des deux signes possibles pour le rayon de courbure.

Supposons que le plan est repéré par un repère cartésien $(\vec{e}_x, \vec{e}_y)$, et que l'in-

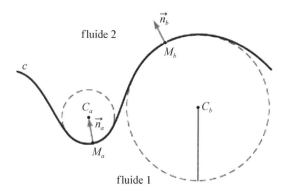

FIGURE A.1   La courbe $\mathcal{C}$ sépare deux fluides 1 (en bas) et 2 (en haut). Elle est orientée par le vecteur $\vec{n}$ du fluide 1 vers le fluide 2. Dans le cas a, la courbure est positive. Dans le cas b, la courbure est négative.

terface entre les deux fluides est défini par une équation algébrique de la forme $x \longrightarrow \xi(x)$, avec le fluide 1 du côté des y négatifs, et le fluide 2 du côté des y positifs. On peut alors donner une expression mathématique de la courbure $1/R$ au point M de coordonnées $(x, \xi(x))$, sous la forme :

$$\frac{1}{R}(x) = \frac{\mathrm{d}^2\xi}{\mathrm{d}x^2}(x). \tag{A.2}$$

Activité A1 :

1. Montrer ce résultat.
2. On suppose que l'interface entre les fluides a une courbe sinusoïdale. Proposer des notations adaptées, et donner une expression de la courbure de l'interface en fonction de la position sur l'interface.

A.2   Écoulement dans le cas général

Deux fluides immiscibles, notés 1 et 2, sont séparés par une surface $\mathcal{S}$. On considère le vecteur unitaire $\vec{n}$ normal à la surface, orienté du fluide 1 vers le fluide 2. Soit un plan Π_a contenant M et $\vec{n}$. Il y a en fait une infinité continue de tels plans. Le plan Π_a intersecte la surface $\mathcal{S}$ en une courbe notée $\mathcal{C}_a$. Notons C_a le centre du cercle osculateur à $\mathcal{C}_a$ en M. Le rayon de courbure est $R_a = \overline{MC_a}$. Soit un plan Π_b contenant M et $\vec{n}$, et perpendiculaire au plan Π_a. Notons C_b le centre du cercle osculateur à $\mathcal{C}_b$ en M. Le rayon de courbure est $R_b = \overline{MC_b}$. On peut montrer que la quantité $1/R = 1/R_a + 1/R_b$ est indépendante du choix initial du plan Π_a. Par suite, cette grandeur est une caractéristique intrinsèque de la surface $\mathcal{S}$ en M, appelée **courbure** de $\mathcal{S}$ en M.

Par ailleurs, quand Π_a décrit toutes les positions possibles, les valeurs de $1/R_a$ décrivent un intervalle. Les bornes supérieure et inférieure de cet intervalle sont notées $1/R_{\min}$ et $1/R_{\max}$. On peut montrer que ces bornes sont atteintes pour deux plans Π orthogonaux. Ces plans correspondent à deux directions tangentes à $\mathcal{S}$ en M, qui sont donc elles aussi orthogonales. Ces deux directions sont appelées **directions principales**.

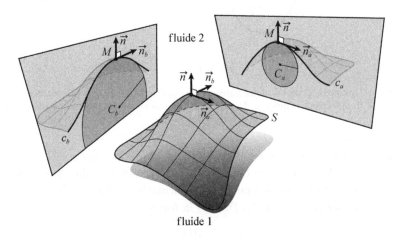

FIGURE A.2   La surface $\mathcal{S}$ sépare deux fluides 1 (en bas) et 2 (en haut). Elle est orientée par le vecteur $\vec{n}$ du fluide 1 vers le fluide 2. Les rayons de courbure principaux en M sont $R_a = \overline{MC_a}$ et $R_b = \overline{MC_b}$. Dans ce cas, les deux courbures principales sont négatives.

Sur la figure A.2 on considère une surface et, en un point M, les directions de courbure principale.

La courbure de la surface est une grandeur algébrique. Son signe dépend du choix d'orientation de la surface, c'est-à-dire du choix du sens du vecteur $\vec{n}$.

Activité A2 : L'espace est repéré en coordonnées cartésiennes par $(O, \vec{e}_x, \vec{e}_y, \vec{e}_z)$. On considère la surface d'équation

$$\frac{z}{c} = \left(\frac{x}{a}\right)^2 + \left(\frac{y}{b}\right)^2 .$$

Exprimer sa courbure au point O.

A.3   Formulaire Mathématique des vecteurs

Coordonnées cartésiennes

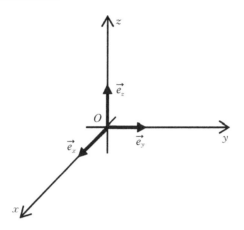

$$f(x,y,z); \quad \vec{A} = A_x(x,y,z)\vec{e}_x + A_y(x,y,z)\vec{e}_y + A_z(x,y,z)\vec{e}_z$$

$$\vec{\nabla} = \frac{\partial}{\partial x}\vec{e}_x + \frac{\partial}{\partial y}\vec{e}_y + \frac{\partial}{\partial z}\vec{e}_z$$

$$\overrightarrow{\text{grad}}f = \frac{\partial f}{\partial x}\vec{e}_x + \frac{\partial f}{\partial y}\vec{e}_y + \frac{\partial f}{\partial z}\vec{e}_z = \vec{\nabla}f$$

$$\overrightarrow{\text{rot}}\vec{A} = \left[\frac{\partial A_z}{\partial y} - \frac{\partial A_y}{\partial z}\right]\vec{e}_x + \left[\frac{\partial A_x}{\partial z} - \frac{\partial A_z}{\partial x}\right]\vec{e}_y + \left[\frac{\partial A_y}{\partial x} - \frac{\partial A_x}{\partial y}\right]\vec{e}_z = \vec{\nabla}\times\vec{A}$$

$$\text{div}\,\vec{A} = \frac{\partial A_x}{\partial x} + \frac{\partial A_y}{\partial y} + \frac{\partial A_z}{\partial z} = \vec{\nabla}\cdot\vec{A}$$

$$\Delta f = \frac{\partial^2 f}{\partial x^2} + \frac{\partial^2 f}{\partial y^2} + \frac{\partial^2 f}{\partial z^2}$$

$$\Delta\vec{A} = (\Delta A_x)\vec{e}_x + (\Delta A_y)\vec{e}_y + (\Delta A_z)\vec{e}_z$$

Coordonnées cylindriques

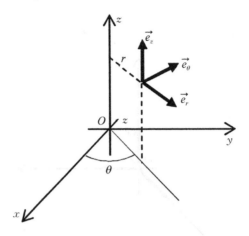

$$f(r,\theta,z); \quad \vec{A} = A_r(r,\theta,z)\vec{e}_r + A_\theta(r,\theta,z)\vec{e}_\theta + A_z(r,\theta,z)\vec{e}_z$$

$$\overrightarrow{\mathrm{grad}}f = \frac{\partial f}{\partial r}\vec{e}_r + \frac{1}{r}\frac{\partial f}{\partial \theta}\vec{e}_\theta + \frac{\partial f}{\partial z}\vec{e}_z$$

$$\overrightarrow{\mathrm{rot}}\vec{A} = \left[\frac{1}{r}\frac{\partial A_z}{\partial \theta} - \frac{\partial A_\theta}{\partial z}\right]\vec{e}_r + \left[\frac{\partial A_r}{\partial z} - \frac{\partial A_z}{\partial r}\right]\vec{e}_\theta + \left[\frac{1}{r}\frac{\partial (rA_\theta)}{\partial r} - \frac{1}{r}\frac{\partial A_r}{\partial \theta}\right]\vec{e}_z$$

$$= \frac{1}{r}\begin{vmatrix} \vec{e}_r & \partial/\partial r & A_r \\ r\vec{e}_\theta & \partial/\partial \theta & rA_\theta \\ \vec{e}_z & \partial/\partial z & A_z \end{vmatrix}$$

$$\mathrm{div}\,\vec{A} = \frac{1}{r}\frac{\partial (rA_r)}{\partial r} + \frac{1}{r}\frac{\partial A_\theta}{\partial \theta} + \frac{\partial A_z}{\partial z}$$

$$\Delta f = \frac{\partial^2 f}{\partial r^2} + \frac{1}{r}\frac{\partial f}{\partial r} + \frac{1}{r^2}\frac{\partial^2 f}{\partial \theta^2} + \frac{\partial^2 f}{\partial z^2}$$

Coordonnées sphériques

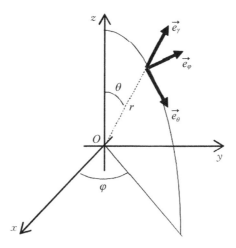

$$f(r,\theta,\varphi); \quad \vec{A} = A_r(r,\theta,\varphi)\vec{e}_r + A_\theta(r,\theta,\varphi)\vec{e}_\theta + A_\varphi(r,\theta,\varphi)\vec{e}_\varphi$$

$$\overrightarrow{\mathrm{grad}}f = \frac{\partial f}{\partial r}\vec{e}_r + \frac{1}{r}\frac{\partial f}{\partial \theta}\vec{e}_\theta + \frac{1}{r\sin\theta}\frac{\partial f}{\partial \varphi}\vec{e}_\varphi$$

$$\overrightarrow{\mathrm{rot}}\vec{A} = \frac{1}{r\sin\theta}\left[\frac{\partial(\sin\theta A_\varphi)}{\partial\theta} - \frac{\partial A_\theta}{\partial\varphi}\right]\vec{e}_r + \frac{1}{r}\left[\frac{1}{\sin\theta}\frac{\partial A_r}{\partial\varphi} - \frac{\partial(rA_\varphi)}{\partial r}\right]\vec{e}_\theta$$

$$+ \frac{1}{r}\left[\frac{\partial(rA_\theta)}{\partial r} - \frac{\partial A_r}{\partial\theta}\right]\vec{e}_\varphi$$

$$= \frac{1}{r^2\sin\theta}\begin{vmatrix} \vec{e}_r & \partial/\partial r & A_r \\ r\vec{e}_\theta & \partial/\partial\theta & rA_\theta \\ r\sin\theta\vec{e}_\varphi & \partial/\partial\varphi & r\sin\theta A_\varphi \end{vmatrix}$$

$$\mathrm{div}\,\vec{A} = \frac{1}{r^2}\frac{\partial(r^2 A_r)}{\partial r} + \frac{1}{r\sin\theta}\frac{\partial(\sin\theta A_\theta)}{\partial\theta} + \frac{1}{r\sin\theta}\frac{\partial A_\varphi}{\partial\varphi}$$

$$\Delta f = \frac{\partial^2 f}{\partial r^2} + \frac{2}{r}\frac{\partial f}{\partial r} + \frac{1}{r^2\sin\theta}\frac{\partial}{\partial\theta}\left(\sin\theta\frac{\partial f}{\partial\theta}\right) + \frac{1}{r^2\sin^2\theta}\frac{\partial^2 f}{\partial\varphi^2}$$

Pour une fonction $f(r)$: $\Delta f = \dfrac{1}{r}\dfrac{\mathrm{d}^2(rf)}{\mathrm{d}r^2}$

$$\Delta \vec{A} = \left[\frac{1}{r} \frac{\partial^2 (rA_r)}{\partial r^2} + \frac{1}{r^2} \frac{\partial^2 A_r}{\partial \theta^2} + \frac{1}{r^2 \sin^2 \theta} \frac{\partial^2 A_r}{\partial \varphi^2} + \frac{\cot \theta}{r^2} \frac{\partial A_r}{\partial \theta} - \frac{2}{r^2} \frac{\partial A_\theta}{\partial \theta} - \frac{2}{r^2 \sin \theta} \frac{\partial A_\varphi}{\partial \varphi} \right.$$

$$\left. - \frac{2A_r}{r^2} - \frac{2 \cot \theta}{r^2} A_\theta \right] \vec{e_r}$$

$$+ \left[\frac{1}{r^2} \frac{\partial^2 rA_\theta)}{\partial r^2} + \frac{1}{r^2} \frac{\partial^2 A_\theta}{\partial \theta^2} + \frac{1}{r^2 \sin^2 \theta} \frac{\partial^2 A_\theta}{\partial \varphi^2} + \frac{\cot \theta}{r^2} \frac{\partial A_\theta}{\partial \theta} - \frac{2}{r^2} \frac{\cot \theta}{\sin \theta} \frac{\partial A_\varphi}{\partial \varphi} \right.$$

$$\left. + \frac{2}{r^2} \frac{\partial A_r}{\partial \theta} - \frac{A_\theta}{r^2 \sin^2 \theta} \right] \vec{e_\theta}$$

$$+ \left[\frac{1}{r^2} \frac{\partial^2 rA_\varphi}{\partial r^2} + \frac{1}{r^2} \frac{\partial^2 A_\varphi}{\partial \theta^2} + \frac{1}{r^2 \sin^2 \theta} \frac{\partial^2 A_\varphi}{\partial \varphi^2} + \frac{\cot \theta}{r^2} \frac{\partial A_\varphi}{\partial \theta} + \frac{2}{r^2 \sin \theta} \frac{\partial A_r}{\partial \varphi} \right.$$

$$\left. + \frac{2}{r^2} \frac{\cot \theta}{\sin \theta} \frac{\partial A_\theta}{\partial \varphi} - \frac{A_\varphi}{r^2 \sin^2 \theta} \right] \vec{e_\varphi}$$

Définition intrinsèque des opérateurs

Gradient

Pour un déplacement élémentaire $\mathrm{d}\overrightarrow{OM}$, la grandeur f varie de $\mathrm{d}f = \overrightarrow{\mathrm{grad}}f \cdot \mathrm{d}\overrightarrow{OM}$.

Rotationnel : Théorème de Stokes :

$$\oint_\Gamma \vec{A} \cdot \mathrm{d}\vec{\ell} = \iint_{(S_\Gamma)} \overrightarrow{\mathrm{rot}}\vec{A} \cdot \vec{n}\,\mathrm{d}S$$

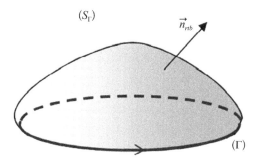

Divergence : Théorème de Green Ostogradski :

$$\oiint_\Sigma \vec{A} \cdot \vec{n}_{\mathrm{ext}}\,\mathrm{d}S = \iiint_{(V)} \mathrm{div}\,\vec{A}\,\mathrm{d}V$$

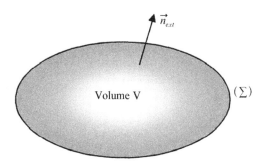

Laplaciens

Laplacien Scalaire $\Delta f = \text{div}(\overrightarrow{\text{grad}} f)$

Laplacien Vecteur $\Delta \vec{A} = \overrightarrow{\text{grad}}(\text{div}\,\vec{A}) - \overrightarrow{\text{rot}}(\overrightarrow{\text{rot}}\vec{A})$

Quelques relations utiles

$$\overrightarrow{\text{grad}}(fg) = f(\overrightarrow{\text{grad}}g) + g(\overrightarrow{\text{grad}}f)$$

$$\overrightarrow{\text{rot}}(f\vec{A}) = f(\overrightarrow{\text{rot}}\vec{A}) + (\overrightarrow{\text{grad}}f) \wedge \vec{A}$$

$$\text{div}(f\vec{A}) = f(\text{div}\,\vec{A}) + (\overrightarrow{\text{grad}}f) \cdot \vec{A}$$

$$\text{div}(\vec{A} \wedge \vec{B}) = \vec{B} \cdot \overrightarrow{\text{rot}}\vec{A} - \vec{A} \cdot \overrightarrow{\text{rot}}\vec{B}$$